AF787928

ISOTOPENPRAXIS

18. JAHRGANG

1982

AKADEMIE-VERLAG

ISOTOPENPRAXIS

herausgegeben von J. Mühlenpfordt, Berlin

unter Mitwirkung von M. F. Abdel-Wahab, Khartum · E. Broda, Wien · O. Charamza, Olomouc · Z. Dienstbier, Praha · L. Herforth, Dresden · V. K. Iya, Bombay · W. Kodjukow, Moskau · M. Melnikowa, Leningrad · V. Mercea, Cluj · R. Münze, Rossendorf · S. Muždeka, Beograd · M. Radwan, Swierk · A. I. Schatenstein, Moskau · H. R. Schütte, Halle · K. Schwabe, Rossendorf · P. Tétényi, Budapest · K. Unger, Quedlinburg · S. Varga, Bratislava · G. Vormum, Berlin

REDAKTIONSAUSSCHUSS: H.-J. Altenbrunn, Berlin · E. Becker, Magdeburg · W. Dietzsch, Dresden · J. Holzhey, Freiberg · H. Hübner, Leipzig · K. Irmer, Dresden · P. Krumbiegel, Leipzig · S. Niese, Rossendorf · R. Otto, Leipzig · U. Prösch, Berlin · G. Reinhard, Dresden · H. Rothe, Berlin · H. Scheel, Berlin · K. Wagner, Berlin · L. Wuckel, Dresden

REDAKTIONSSEKRETÄR: Frau H. Neumann, Berlin

An unsere Autoren

Die Zeitschrift veröffentlicht Beiträge zu folgenden Themen: Kontrolle und Analyse radioaktiver und stabiler Isotope, Anwendung radioaktiver und stabiler Isotope in allen Gebieten der Forschung und Technik, der Industrie, Landwirtschaft und Medizin, Herstellung radioaktiver und stabiler Isotope sowie von markierten Verbindungen, kernelektronische Geräte für die Isotopenanwendung (Dickenmesser, Dichtemesser u. ä.) Detektoren für isotopentechnische Arbeiten und den Strahlenschutz in Isotopenlaboratorien, Meßtechnik und Strahlenschutz, Dosimetrie in Isotopenlaboratorien, kerntechnische Geräte für die Isotopenanwendung (Betron, Bestrahlungsanlagen u. ä.), Strahlenchemie, Radiochemie, ökonomische und perspektivische Fragen, Fragen der Weiterbildung.

1. Aufnahme von Manuskripten

Zur Veröffentlichung angenommen werden nur druckreife, noch nicht anderweitig publizierte Beiträge in deutscher, englischer oder russischer Sprache zum Themenbereich der Zeitschrift und zwar

Originalarbeiten
Kurze Originalmitteilungen
Aus der Praxis
Zusammenfassende Berichte
Tagungsberichte
Informationen.

Sind der Beitrag oder Teile daraus bereits veröffentlicht oder ist eine anderweitige Veröffentlichung vorgesehen, so muß dies der Redaktion mit genauer Angabe der Zweitveröffentlichung mitgeteilt werden. Mit der Annahme des Manuskriptes behält sich der Verlag das Recht der Vervielfältigung, Verbreitung und Übersetzung innerhalb der gesetzlichen Schutzfrist vor. Auszugsweiser Nachdruck oder photomechanische u. ä. Wiedergabe sind an eine schriftliche Genehmigung des Verlages gebunden. Manuskripte, Zeichnungen und Photos von veröffentlichten Arbeiten werden nur auf den besonderen und bis zum Zeitpunkt der Veröffentlichung mitgeteilten Wunsch des Autors zurückgesandt.
Bei der unverlangten Einreichung von Manuskripten wird empfohlen, eine Befürwortung eines der Herausgeber oder Redaktionsausschußmitglieder beizufügen.
Manuskripte sind einzureichen bei der Redaktion, DDR-1080 Berlin, Leipziger Str. 3–4.

2. Form der Manuskripte

Die Autoren werden gebeten:
2 Manuskripte, eines davon in Original-Maschinenschrift, einseitig und mit 2zeiligem Abstand einzureichen; gut leserliche Photokopien sind zulässig; auf dem 1. Blatt (unter Weglassung der Bezeichnung)
den Titel der Arbeit
Vorname-Initialen und Namen sämtlicher Autoren
gegebenenfalls die Institution, in der sie tätig sind
eine kurze Zusammenfassung der Arbeit von höchstens 15 Zeilen
Keywords in alphabetischer Reihenfolge und
als Fußnote die Anschrift der Institution anzugeben;
wenn möglich auf gesonderten Blättern Namen, Titel der Arbeit und Zusammenfassung in den beiden anderen obengenannten Sprachen 2fach beizufügen;
Literaturhinweise (fortlaufend numeriert), Fußnoten, Tabellen, Abbildungen (in 2–3facher Veröffentlichungsgröße), Abbildungsunterschriften (getrennt von den Abbildungen, mit Zeichenerklärungen, Quellenangaben, falls erforderlich, und gegebenenfalls mit einem Vermerk für besondere Wünsche bezüglich der Abbildungsgröße), private und Dienstanschrift der Verfasser mit akademischen Titeln und ausgeschriebenen Vornamen auf besonderen Blättern ans Ende des Manuskriptes zu stellen;

Wünsche für den Kolumnentitel (Seitenüberschrift) bekanntzugeben;
Absätze durch Einzüge von mindestens 3 Anschlägen kenntlich zu machen;
die Maßeinheiten des SI-Systems ("Systéme International") zu verwenden;
Korrekturen im Manuskript unmittelbar an der zu korrigierenden Stelle anzubringen;
Formeln deutlich lesbar und möglichst groß einzutragen;
Farbabbildungen und nachträgliche Änderungen oder Ergänzungen in Abbildungen zu vermeiden;
hervorzuhebende Textstellen zu unterstreichen, und zwar halbfetten Satz mit einer geraden schwarzen Linie, kursiven Satz (Schrägschrift) mit einer blauen Wellenlinie (alle Eigennamen). Sperrungen gestrichelt;
besondere Buchstaben durch farbige Unterstreichung zu kennzeichnen, und zwar Formelzeichen in

Griechisch-Kursiv ($\alpha, \beta, \ldots$) rot,
Kursiv ($A, B, \ldots$) blau
halbfetter Kursiv ($\boldsymbol{A}, \boldsymbol{B}, \ldots$) 2 Linien blau (Vektoren),
halbfetter Grotesk ($\mathbf{A}, \mathbf{B}, \ldots$) 2 Linien violett (Tensoren);

bei Literaturangaben auf Vollständigkeit zu achten. In nachstehender Reihenfolge müssen angegeben sein:

a) bei *Zeitschriften*: Vorname-Initialen und Namen sämtlicher Autoren Titel der Zeitschrift (nach „Periodica Chimica" oder möglichst wenig gekürzt), Bandnummer (unterstrichen), Jahreszahl (in Klammern), Heftnummer (nur bei Zeitschriften, die jedes Heft mit S. 1 beginnen) sowie die Seitenzahl, auf der die zitierte Arbeit beginnt.

b) bei *Büchern*: Initialen der Vornamen und Name des Autors (Herausgeber werden durch den Zusatz „ed." gekennzeichnet), voll ausgeschriebener Titel des Buches in der Originalsprache, evtl. Bandnummer, voll ausgeschriebener Name des Verlages, Nummer der Auflage (außer der ersten), Erscheinungsort(e), Erscheinungsjahr (hier nicht in Klammern setzen!) und evtl. Kapitelnummer, Seitenzahl u. ä.

c) bei *Sammelbänden, Tagungsberichten*: Es soll zusätzlich der Titel des zitierten Beitrags angegeben werden. Die Seitenzahl muß unbedingt angegeben werden. Aus dem Zitat muß hervorgehen, ob es sich um einen Tagungssammelband oder um einen noch nicht veröffentlichten Vortrag handelt. Zwischen Tagungsort und Erscheinungsort des entsprechenden Tagungsberichts ist zu unterscheiden.

3. Korrekturen

Der Autor erhält zwei Umbruchabzüge, von denen einer möglichst schnell korrigiert an die Redaktion zurückgereicht werden soll. Auf Wunsch des Autors kann die Korrektur auch von der Redakion gelesen werden.

Durch nachträgliche Manuskriptänderungen verursachte Korrekturkosten gehen, sofern sie 10% der Satzkosten übersteigen zu Lasten des Autors.

Der Autor erhält 50 Sonderdrucke kostenlos. Weitere Sonderdrucke können bis zur Rückgabe der Korrekturabzüge auf Kosten des Autors bei der Redaktion bestellt werden.

Bezugsmöglichkeiten

Bestellungen sind zu richten

- **in der DDR** an den Postzeitungsvertrieb; an eine Buchhandlung oder an den AKADEMIE-VERLAG, DDR-1086 Berlin, Leipziger Straße 3–4
- **im sozialistischen Ausland** an eine Buchhandlung für fremdsprachige Literatur oder an den zuständigen Postzeitungsvertrieb
- **in der BRD und Berlin(West)** an eine Buchhandlung oder an die Auslieferungsstelle KUNST UND WISSEN, Erich Bieber, D-7000 Stuttgart 1, Wilhelmstraße 4–6
- **in den übrigen westeuropäischen Ländern** an eine Buchhandlung oder an die Auslieferungsstelle KUNST UND WISSEN, Erich Bieber GmbH, CH-8008 Zürich, Dufourstraße 51
- **im übrigen Ausland** an den Internationalen Buch- und Zeitschriftenhandel; den Buchexport, Volkseigener Außenhandelsbetrieb der Deutschen Demokratischen Republik, DDR-7010 Leipzig, Postfach 160, oder an den AKADEMIE-VERLAG, DDR-1086 Berlin, Leipziger Straße 3–4

Zeitschrift „Isotopenpraxis"

Herausgeber: Im Auftrag des Akademie-Verlages herausgegeben von Prof. Dr. Justus Mühlenpfordt
Verlag: Akademie-Verlag, DDR-1086 Berlin, Leipziger Straße 3–4; Fernruf 2236221 oder 2236229; Telex-Nr. 114420;
Bank: Staatsbank der DDR, Berlin, Kto.-Nr.: 6836-26-20712
Verantwortlich für den Inhalt des Bandes: Prof. Dr. H. Hübner, Leipzig
Anschrift der Redaktion (Fernruf: Frau H. Schier: 6351177) der Zeitschrift Isotopenpraxis: Akademie-Verlag, DDR-1086 Berlin, Leipziger Str. 3–4
Veröffentlicht unter der Lizenznummer 1527 des Presseamtes beim Vorsitzenden des Ministerrates der Deutschen Demokratischen Republik
Gesamtherstellung: VEB Druckerei „Thomas Müntzer", DDR-5820 Bad Langensalza
Erscheinungsweise: Die Zeitschrift „Isotopenpraxis" erscheint monatlich. Die 12 Hefte eines Jahrganges bilden einen Band. Bezugspreis je Band 180,– M zuzüglich Versandspesen (Preis für die DDR 108,– M), Preis je Heft 15,– (Preis für die DDR 9,– M)
Bestellnummer dieses Bandes: 1079/18.
© 1982 by Akademie-Verlag Berlin. Printed in the German Democratic Republic
AN (EDV) 12831

Autoren- und Inhaltsverzeichnis

* = zusammenfassender Bericht bzw. Fortschrittsbericht

Sachverzeichnis

(nach Keywords)

1

Band 18 · Januar 1982

isotopenpraxis

AKADEMIE-VERLAG

ISSN 0021—1915 Isotopenpraxis, Berlin 18 (1982) 1, 1—40

EVP 9,— M 32036

ISOTOPENPRAXIS

herausgegeben von J. Mühlenpfordt, Berlin · C. F. Weiss†, Leipzig

unter Mitwirkung von M. F. Abdel-Wahab, Khartum · E. Broda, Wien · O. Charamza, Olomouc · Z. Dienstbier, Praha · L. Herforth, Dresden · V. K. Iya, Bombay · W. Kodjukow, Moskau · M. Melnikowa, Leningrad · V. Mercea, Cluj · R. Münze, Rossendorf · S. Muždeka, Beograd · M. Radwan, Swierk · A. I. Schatenstein, Moskau · H. R. Schütte, Halle · K. Schwabe, Rossendorf · P. Têtényi, Budapest · K. Unger, Quedlinburg · S. Varga, Bratislava · G. Vormum, Berlin

REDAKTIONSAUSSCHUSS: H.-J. Altenbrunn, Berlin · E. Becker, Magdeburg · W. Dietzsch, Dresden · J. Holzhey, Freiberg · H. Hübner, Leipzig · K. Irmer, Dresden · P. Krumbiegel, Leipzig · S. Niese, Rossendorf · R. Otto, Leipzig · U. Prösch, Berlin · G. Reinhard, Dresden · H. Rothe, Berlin · H. Scheel, Berlin · K. Uhlig†, Berlin (Chefredakteur) K. Wagner, Berlin · L. Wuckel, Dresden

REDAKTIONSSEKRETÄR: Frau H. Neumann, Berlin

An unsere Autoren

Die Zeitschrift veröffentlicht Beiträge zu folgenden Themen: Kontrolle und Analyse radioaktiver und stabiler Isotope, Anwendung radioaktiver und stabiler Isotope in allen Gebieten der Forschung und Technik der Industrie, Landwirtschaft und Medizin, Herstellung radioaktiver und stabiler Isotope sowie von markierten Verbindungen, kernelektronische Geräte für die Isotopenanwendung (Dickenmesser, Dichtemesser u. ä.) Detektoren für isotopentechnische Arbeiten und den Strahlenschutz in Isotopenlaboratorien, Meßtechnik und Strahlenschutz, Dosimetrie in Isotopenlaboratorien, kerntechnische Geräte für die Isotopenanwendung (Beton, Bestrahlungsanlagen u. ä.), Strahlenchemie, Radiochemie, ökonomische und perspektivische Fragen, Fragen der Weiterbildung.

1. Aufnahme von Manuskripten

Zur Veröffentlichung angenommen werden nur druckreife, noch nicht anderweitig publizierte Beiträge in deutscher, englischer oder russischer Sprache zum Themenbereich der Zeitschrift und zwar

Originalarbeiten
Kurze Originalmitteilungen
Aus der Praxis
Zusammenfassende Berichte
Tagungsberichte

Informationen.

Sind der Beitrag oder Teile daraus bereits veröffentlicht oder ist eine anderweitige Veröffentlichung vorgesehen, so muß dies der Redaktion mit genauer Angabe der Zweitveröffentlichung mitgeteilt werden. Mit der Annahme des Manuskriptes behält sich der Verlag das Recht der Vervielfältigung, Verbreitung und Übersetzung innerhalb der gesetzlichen Schutzfrist vor. Auszugsweiser Nachdruck oder photomechanische u. a. Wiedergabe sind an eine schriftliche Genehmigung des Verlages gebunden. Manuskripte, Zeichnungen und Photos von veröffentlichten Arbeiten werden nur auf den besonderen und bis zum Zeitpunkt der Veröffentlichung mitgeteilten Wunsch des Autors zurückgesandt.

Bei der unverlangten Einreichung von Manuskripten wird empfohlen, eine Befürwortung eines der Herausgeber oder Redaktionsausschußmitglieder beizufügen.

Manuskripte sind einzureichen bei der Redaktion, DDR-1086 Berlin, Leipziger Str. 3–4.

2. Form der Manuskripte

Die Autoren werden gebeten:

2 Manuskripte, eines davon in Original-Maschinenschrift, einseitig und mit 2zeiligem Abstand einzureichen; gut leserliche Photokopien sind zulässig; auf dem 1. Blatt (unter Weglassung der Bezeichnung)

den Titel der Arbeit
Vorname-Initialen und Namen sämtlicher Autoren
gegebenenfalls die Institution, in der sie tätig sind
eine kurze Zusammenfassung der Arbeit von höchstens 15 Zeilen
Keywords in alphabetischer Reihenfolge und
als Fußnote die Anschrift der Institution anzugeben;

wenn möglich auf gesonderten Blättern Namen, Titel der Arbeit und Zusammenfassung in den beiden anderen obengenannten Sprachen 2fach beizufügen;

Literaturhinweise (fortlaufend numeriert), Fußnoten, Tabellen, Abbildungen (in 2–3facher Veröffentlichungsgröße), Abbildungsunterschriften (getrennt von den Abbildungen, mit Zeichenerklärungen, Quellenangaben, falls erforderlich, und gegebenenfalls mit einem Vermerk für besondere Wünsche bezüglich der Abbildungsgröße), private und Dienstanschrift der Verfasser mit akademischen Titeln und ausgeschriebenen Vornamen auf besonderen Blättern ans Ende des Manuskriptes zu stellen;

Wünsche für den Kolumnentitel (Seitenüberschrift) bekanntzugeben;

Absätze durch Einzüge von mindestens 3 Anschlägen kenntlich zu machen;

die Maßeinheiten des SI-Systems ("Systéme International") zu verwenden;

Korrekturen im Manuskript unmittelbar an der zu korrigierenden Stelle anzubringen;

Formeln deutlich lesbar und möglichst groß einzutragen;

Farbabbildungen und nachträgliche Änderungen oder Ergänzungen in Abbildungen zu vermeiden;

hervorzuhebende Textstellen zu unterstreichen, und zwar halbfetten Satz mit einer geraden schwarzen Linie, kursiven Satz (Schrägschrift) mit einer blauen Wellenlinie (alle Eigennamen). Sperrungen gestrichelt;

besondere Buchstaben durch farbige Unterstreichung zu kennzeichnen, und zwar Formelzeichen in

Griechisch-Kursiv ($\alpha, \beta, \ldots$) rot,
Kursiv ($A, B, \ldots$) blau
halbfetter Kursiv ($\boldsymbol{A}, \boldsymbol{B}, \ldots$) 2 Linien blau (Vektoren),
halbfetter Grotesk (**A**, **B**, ...) 2 Linien violett (Tensoren);

bei Literaturangaben auf Vollständigkeit zu achten. In nachstehender Reihenfolge müssen angegeben sein:

a) bei *Zeitschriften*: Vorname-Initialen und Namen sämtlicher Autoren Titel der Zeitschrift (nach „Periodica Chimica“ oder möglichst wenig gekürzt), Bandnummer (unterstrichen), Jahreszahl (in Klammern), Heftnummer (nur bei Zeitschriften, die jedes Heft mit S. 1 beginnen) sowie die Seitenzahl, auf der die zitierte Arbeit beginnt.

b) bei *Büchern*: Initialen der Vornamen und Name des Autors (Herausgeber werden durch den Zusatz „ed.“ gekennzeichnet), voll ausgeschriebener Titel des Buches in der Originalsprache, evtl. Bandnummer, voll ausgeschriebener Name des Verlages, Nummer der Auflage (außer der ersten), Erscheinungsort(e), Erscheinungsjahr (hier nicht in Klammern setzen!) und evtl. Kapitelnummer, Seitenzahl u. ä.

c) bei *Sammelbänden, Tagungsberichten*: Es soll zusätzlich der Titel des zitierten Beitrags angegeben werden. Die Seitenzahl muß unbedingt angegeben werden. Aus dem Zitat muß hervorgehen, ob es sich um einen Tagungssammelband oder um einen noch nicht veröffentlichten Vortrag handelt. Zwischen Tagungsort und Erscheinungsort des entsprechenden Tagungsberichts ist zu unterscheiden.

3. Korrekturen

Der Autor erhält zwei Umbruchabzüge, von denen einer möglichst schnell korrigiert an die Redaktion zurückgereicht werden soll. Auf Wunsch des Autors kann die Korrektur auch von der Redaktion gelesen werden.

Durch nachträgliche Manuskriptänderungen verursachte Korrekturkosten gehen, sofern sie 10% der Satzkosten übersteigen zu Lasten des Autors.

Der Autor erhält 50 Sonderdrucke kostenlos. Weitere Sonderdrucke können bis zur Rückgabe der Korrekturabzüge auf Kosten des Autors bei der Redaktion bestellt werden.

Bezugsmöglichkeiten

Bestellungen sind zu richten

- **in der DDR** an den Postzeitungsvertrieb unter Angabe der Kundennummer des Bestellenden oder an den AKADEMIE-VERLAG, DDR-1086 Berlin, Leipziger Straße 3–4, PF-Nr. 1233
- **im sozialistischen Ausland** an eine Buchhandlung für fremdsprachige Literatur oder an den zuständigen Postzeitungsvertrieb
- **in der BRD und Berlin(West)** an eine Buchhandlung oder an die Auslieferungsstelle KUNST UND WISSEN, Erich Bieber OHG, D-7000 Stuttgart 1, Wilhelmstraße 4–6
- **in den übrigen westeuropäischen Ländern** an eine Buchhandlung oder an die Auslieferungsstelle KUNST UND WISSEN, Erich Bieber GmbH, CH-8008 Zürich, Dufourstraße 51
- **im übrigen Ausland** an den Internationalen Buch- und Zeitschriftenhandel; den Buchexport, Volkseigener Außenhandelsbetrieb der Deutschen Demokratischen Republik, DDR-7010 Leipzig, Postfach 160; oder an den AKADEMIE-VERLAG, DDR-1086 Berlin, Leipziger Straße 3–4

Zeitschrift „Isotopenpraxis“

Herausgeber: Im Auftrag des Akademie-Verlages herausgegeben von Prof. Dr. Justus Mühlenpfordt und Prof. Dr. Carl Friedrich Weiss†
Verlag: Akademie-Verlag, DDR-1086 Berlin, Leipziger Straße 3–4; Fernruf: 2236221 oder 2236229; Telex-Nr.: 114420;
Bank: Staatsbank der DDR, Berlin, Kto.-Nr.: 6836-26-20712
Chefredakteur: Dr. Klaus Uhlig†, Berlin. Verantwortlich für den Inhalt des Heftes: Prof. Dr. H. Hübner, Leipzig
Anschrift der Redaktion (Fernruf Frau H. Schier: 6351177) der Zeitschrift Isotopenpraxis: Akademie-Verlag, DDR-1086 Berlin, Leipziger Str. 3–4, PF-Nr. 1233
Veröffentlicht unter der Lizenznummer 1527 des Presseamtes beim Vorsitzenden des Ministerrates der Deutschen Demokratischen Republik
Gesamtherstellung: VEB Druckerei „Thomas Müntzer“, DDR-5820 Bad Langensalza
Erscheinungsweise: Die Zeitschrift „Isotopenpraxis“ erscheint monatlich. Die 12 Hefte eines Jahrganges bilden einen Band. Bezugspreis je Band 180,– M zuzüglich Versandspesen Preis für die DDR 108,– M) Preis je Heft 15,– (Preis für die DDR 9,– M)
Bestellnummer dieses Heftes: 1079/18/1
© 1982 by Akademie-Verlag Berlin. Printed in the German Democratic Republic
AN (EDV) 12831

ISOTOPENPRAXIS

Band 18 (1982) Heft 1, S. 1—40

Redaktion und Verlag: Akademie-Verlag, Redaktion Isotopenpraxis, 1086 Berlin, Leipziger Straße 3—4

Inhaltsverzeichnis

(Fortsetzung des Inhaltsverzeichnisses auf der Rückseite des 2. gelben Blattes)

ISOTOPENPRAXIS

Band 18 (1982) Heft 1, S. 1—40

Redaktion und Verlag: Akademie-Verlag, Redaktion Isotopenpraxis, 1086 Berlin, Leipziger Straße 3—4

Contents

Articles

Part I is concerned with the precalculation of steady-state concentration profiles along a cascade for multicomponent isotope separation by thermal diffusion. The arrangement of the cascade stages corresponds to a stepwise staggering. With continuous operation one feedpoint and several withdrawal points are allowed, the latter ones being located at both ends or at any intermediate points. With regard to a desirable cascade optimization particular emphasis has been laid on the influence of available cascading parameters. The main result of this part represents a set of model equations, the solution of which is performed by means of a computer programme.

Experimental investigations on solubility isotope effects in the system carbon dioxide/carbon tetrachloride performed under high pressure showed an unexpectedly high dependability of the separation factor on the equilibrium conditions. Repeated reversal of the sign of the isotope effect is possible not only due to temperature change, but also as a result of modifications of pressure.
The available experimental results are in good correspondence with the data obtained by means of a newly developed method for the calculation of such isotope effects. It is based on statistic-mechanical calculation of the chemical potentials of the species dissolved in the gaseous phase. Up to high pressure, values of the solubility isotope effects result from modifications of the molecular geometry, as well as from the virial coefficients of isotope substitution. These values are accessible both the theoretical and, in certain cases, the experimental way.

The possibility of removing systematic errors caused by the presence of H_3^+ ions and of humidity adsorbed by reagents is shown theoretically and experimentally. Ways to diminish the share of H_3^+ ions and of the quantity of humidity are proposed, which rendered possible a decrease of the value of random errors. A safe interval of $\pm 6‰$ could be achieved for individual measurements. The MI-1305 mass spectrometer yielded the value $\Delta/R_0 = 0.024 \cdot 10^9$ I/A.

Содержание

Статьи

Часть I охватывает предварительное расчетное определение стационарного профиля концентрации через каскад в связи с разделением путем термодиффузии многокомпонентной смеси изотопов. Каскад — ступенчатого исполнения. При постоянном режиме работы допускаются одно место подачи и некоторые места отбора, причем отбор может осуществляться как на обоих концах, так и на любом промежуточном пункте. В связи с последующей оптимизацией особое внимание обращается на вопрос влияния имеющихся параметров каскадирования. Основным результатом получена сводка модельных уравнений, для решения которых разработана программа для ЭВМ.

Выполненные при высоких давлениях экспериментальные исследования по изотопным эффектам растворимости в системе двуокись углерода/тетрахлорметан показали неожиданно высокую зависимость коэффициента разделения от условий равновесия. Неоднократная перемена знака изотопного эффекта возможна не только при изменении температуры, но и при изменении давления.
Полученные экспериментальные результаты находятся в хорошем соответствии с данными, полученными вновь разработанным методом расчетного определения таких изотопных эффектов. Основой является статистически-механический расчет химических потенциалов вещества, растворенного в газовой фазе. Вплоть до высоких давлений изотопные эффекты растворимости вытекли непосредственно из изменения молекулярной геометрии, а также вириальных коэффициентов в связи с замещением изотопов. Данные величины доступны теоретически, а в определенных случаях также и экспериментально.

Теоретически и экспериментально показана возможность устранения систематических ошибок, обусловленных наличием ионов H_3^+ и адсорбированной реактивами влаги. Предложены пути уменьшения доли ионов H_3^+ и количества примесной влаги, что позволило снизить величину случайных ошибок. Достигнут доверительный интервал единичного измерения $\pm 6‰$. На масс-спектрометре МИ-1305 получена величина $\Delta/R_0 = 0{,}024 \cdot 10^9$ I/A.

Optimierungsbetrachtungen zur Anreicherung von Mittelkomponenten durch Thermodiffusion am Beispiel von Krypton-85

Teil 1: Berechnung des stationären Konzentrationsprofils längs einer Kaskade

K. Zieger, G. Müller

(Zentralinstitut für Isotopen- und Strahlenforschung, AdW der DDR) [1])

Teil 1 befaßt sich mit der Vorausberechnung des stationären Konzentrationsprofils längs einer Kaskade bei der Trennung eines polynären Isotopengemischs durch Thermodiffusion. Die Kaskade ist treppenförmig gestaffelt. Bei kontinuierlicher Betriebsweise sind eine Einspeisungsstelle und mehrere Entnahmestellen zugelassen, wobei sowohl an den beiden Enden als auch an jeder Zwischenstelle eine Entnahme erfolgen kann. In Vorbereitung auf die spätere Optimierung wird dem Einfluß der verfügbaren Kaskadierungsparameter besondere Aufmerksamkeit gewidmet. Als Hauptresultat erscheint eine Zusammenstellung der Modellgleichungen, zu deren Lösung ein Computerprogramm erarbeitet worden ist.

Keywords

isotope separation; krypton 85; krypton isotopes; mathematical models; optimization; separation cascades; thermal diffusion

1. Einleitung

Nach einer kurzen Einführung in die Problematik der Anreicherung von Mittelkomponenten in einem Isotopengemisch konzentrieren wir uns auf kontinuierlich betriebene Thermodiffusionskaskaden. Dabei geben wir zunächst einen Überblick über den bei uns erreichten Stand der mathematischen Modellierung. In Vorbereitung auf die Darstellung von Einzelresultaten treffen wir außerdem noch einige Vereinbarungen zum mathematischen Formalismus.

1.1. Übersicht

Die Gewinnung von Mittelkomponenten polynärer Isotopengemische durch klassische multiplikative Gegenstromverfahren gehört zu den schwierigsten Aufgaben der Isotopentrennung. Praktische Beispiele solcher Trennaufgaben sind die Anreicherung des Sauerstoffisotops ^{17}O durch Wasserdestillation und der Edelgasisotope ^{21}Ne, ^{38}Ar, $^{a}Kr(78 < a < 86)$ durch Tieftemperatur-Destillation oder Thermodiffusion.

Im vorliegenden Beitrag wollen wir uns auf die Thermodiffusion beschränken, obwohl viele Aussagen verallgemeinerungsfähig sind.

Beim Betrieb einer Gegenstromkaskade unterscheidet man zwei technologische Grundformen:

1) diskontinuierlicher Betrieb ohne oder mit Endreservoire(n)

2) kontinuierlicher Betrieb.

Unter dem diskontinuierlichen Betrieb wird die Erzeugung eines Konzentrationsprofils längs einer geschlossenen Kaskade verstanden. Im stationären Zustand treten dabei normalerweise mehr oder weniger ausgeprägte Maxima der Mittelkomponenten auf [1, 2]. Bei Hinzunahme von Endreservoiren läßt sich darüber hinaus durch die Wahl eines optimalen Volumenverhältnisses eine begrenzte Anreicherung gewisser Mittelkomponenten erreichen [3, 4]. Liegt eine ungünstige Anfangsverteilung vor oder wird eine größere Mengenleistung gefordert, so erweist sich die diskontinuierliche Betriebsweise als ungeeignet. Das gilt insbesondere dann, wenn die Anfangshäufigkeit der anzureichernden Komponente bedeutend kleiner ist als die der beiden Nachbarkomponenten [5]. In diesen Fällen kommt nur eine kontinuierliche Trenntechnologie in Frage. Darunter sei der Betrieb einer Kaskade mit mindestens einer Einspeisungsstelle und wenigstens zwei Entnahmestellen verstanden.

Von einem der Autoren ist früher eine kontinuierliche Technologie eingesetzt worden, bei der an einem Ende der Kaskade die Anfangszusammensetzung durch ein großes Stoffangebot konstant gehalten wird und am anderen Ende eine kontinuierliche Produktentnahme erfolgt. Diese Anordnung ist allerdings nur unter speziellen Bedingungen anwendbar, wie sie etwa für das natürliche Isotopengemisch von Sauerstoff oder Argon gegeben sind [6].

Bei begrenzter Verfügbarkeit und ungünstiger Isotopenverteilung des angebotenen Gemischs müssen allgemeinere Kaskadenschemata in Betracht gezogen werden. Eine solche Situation liegt bei der Anreicherung des Mittelisotops ^{85}Kr vor, wenn man von dem bei Kernreaktionen anfallenden Spaltkrypton ausgeht. Diese Trennaufgabe eignet sich deshalb gut als Demonstrationsfall für die Suche nach einer vorteilhaften Strategie unter den obigen Bedingungen. Praktisch interessiert dabei die Frage, ob es ökonomisch vertretbar ist, ^{85}Kr auf 50 Atom-% anzureichern, um dadurch die spezifische Aktivität dieses Spaltedelgases auf etwa das 10fache zu erhöhen.

Wie in der Kaskadentheorie allgemein, so kann man auch bei der mathematischen Modellierung von Thermodiffusionsanlagen zwei Entwicklungsetappen unterscheiden:

1) Vorausberechnung des Konzentrationsprofils einer Anlage mit vorgegebenen (normierten) Konstruktions- und Betriebsparametern;

2) optimale Wahl der Anlagenparameter bei vorgegebener Trennaufgabe im Sinne der Minimierung einer Aufwandsfunktion.

[1]) Anschrift: 7050 Leipzig, Permoserstr. 15

Der erste Schritt konnte von uns unter ziemlich allgemeinen Bedingungen realisiert werden, wobei das Lösungsverfahren in ein Computerprogramm umgesetzt worden ist. Für den zweiten Schritt liegt bei uns bisher kein allgemeiner Algorithmus vor. Diese Teilaufgabe kann nur von Fall zu Fall nach folgender Konzeption behandelt werden:

Mit Hilfe analytischer Näherungsverfahren tastet man sich zunächst in die Nähe des Optimums vor. Sodann wird unter Verwendung des genannten Rechnerprogramms eine Nachoptimierung durchgeführt, indem man mittels elementarer Suchverfahren eine optimale Auswahl der Einflußgrößen anstrebt.

In der vorliegenden Arbeit wird diese Methode am konkreten Beispiel der Krypton-Trennaufgabe vorgeführt.

Die Abhandlung ist als zusammenfassende Darstellung angelegt, wobei nicht alle Einzelresultate durch ausführliche Ableitungen oder Literaturverweise belegt werden konnten. Als wichtigste Grundlagen seien die Publikationen [7, 8] genannt.

1.2. *Formalismus*

Der mathematische Formalismus macht von einigen Sondervereinbarungen Gebrauch. Diese beziehen sich in erster Linie auf den Umgang mit indizierten Größen beispielsweise der Gestalt

$$d^{i_1 i_2}_{i_3 i_4}, \qquad i_\nu \in J_\nu$$

wobei der Index i_ν die Zahlenmenge J_ν durchläuft. Hierfür definieren wir die Hilfszeichen

$*$ Generator
$+$ Summator,

die die Bedeutung von Operatoren haben. Ersetzt man den Index i_ν durch das Zeichen $*$, so wird damit die Zusammenstellung aller derjenigen Elemente zu einer Matrix symbolisiert, die sich ergeben, wenn i_ν die Menge J_ν durchläuft. Ersetzt man den Index i_ν durch das Zeichen $+$, so wird damit die Summation aller derjenigen Elemente angewiesen, die man erhält, wenn i_ν die Menge J_ν durchläuft. Diese Operationen können auch mehrfach bzw. gemischt vorgenommen werden, etwa wie folgt:

$$d^{* i_2}_{+\,+} = \left\{ \sum_{i_4 \in J_4} \sum_{i_3 \in J_3} d^{i_1 i_2}_{i_3 i_4}, \quad i_1 \in J_1 \right\}$$

Im Anschluß hieran verwenden wir das Hilfszeichen $*$ auch bei der Betrachtung von Funktionen der Gestalt $F(x_1, x_2, x_3, \ldots)$. Wollen wir etwa zum Ausdruck bringen, daß wir die Vorschrift bezüglich x_2 bei fixierten Werten $x_1, x_3, \ldots$ studieren, so schreiben wir $\mathrm{F}(x_1, *, x_3, \ldots)$.

Bei unseren Untersuchungen spielen darüber hinaus Treppenfunktionen eine wesentliche Rolle. Allgemein verstehen wir hierunter stückweise konstante Funktionen. Insbesondere wollen wir von einer rationalen Treppenfunktion sprechen, wenn sich alle Funktionswerte als ganzzahlige Vielfache eines Elementarschritts $\tau > 0$ darstellen lassen. Hiervon ausgehend zeichnen wir eine für uns wichtige Funktionenklasse aus:

$\mathrm{K}(\mu, \tau)$ Klasse aller positiven rationalen Treppenfunktionen auf dem Intervall $[0, \mu]$ mit dem Elementarschritt τ.

Nun läßt sich jede stückweise stetige Funktion mit beliebiger Genauigkeit durch eine rationale Treppenfunktion approximieren, wenn man nur den Elementarschritt hinreichend klein wählt. Deshalb verwenden wir die nachstehende Bezeichnung:

$\mathrm{K}(\mu, 0)$ Klasse aller positiven, stückweise stetigen Funktionen auf dem Intervall $[0, \mu]$.

2. Struktur der Kaskade

Nach einer kurzen Charakterisierung des Gemischs und des Trennrohrs beschreiben wir die Struktur der Kaskade. Wir nehmen an, daß die Gesamtanlage unter Verwendung von einheitlichem Trennrohr zusammengesetzt wird. Der Aufbau verläuft über die Etappen

Säule — Stufe — Kolonne — Kaskade

wobei wir den einzelnen Begriffen hier eine spezielle Bedeutung zuordnen. Im Hinblick auf die Optimierung legen wir besonderen Wert auf eine Analyse der verfügbaren Struktur- und Betriebsparameter.

2.1. *Gemisch*

Die Untersuchungen beziehen sich — wie bereits erwähnt — auf die Trennung von Isotopengemischen durch Thermodiffusion. Dabei sei im allgemeinen

m Anzahl der Komponenten.

Die Konzentrationen verstehen wir durchweg als relative Häufigkeiten der Komponenten. Bei Verwendung der Bezeichnung

x^i Konzentration der i-ten Komponente

gilt folglich die Normierungsrelation

$$x^+ = 1 \tag{1}$$

Die für die Thermodiffusion relevanten Stoffeigenschaften lassen sich in gemischbezogene und komponentenbezogene Größen aufgliedern. Die ersteren charakterisieren das Gemisch im Mittel und gehen in die Transportparameter des Trennrohrs ein. Die letzteren stellen die eigentliche Grundlage der Trennung dar und können auf die unterschiedlichen Massenzahlen zurückgeführt werden. Mit

a^i Massenzahl der i-ten Komponente

bildet man die Koeffizientenmatrix

$$b^{ij} = \frac{a^i - a^j}{a^i + a^j} \tag{2}$$

Zur Vereinfachung der mathematischen Behandlung approximieren wir diese gemäß

$$b^{ij} \approx c^i - c^j \tag{3}$$

unter Verwendung von

$c^i = \dfrac{b^{i+}}{m}$ Gewichtskoeffizient der i-ten Komponente.

2.2. *Trennrohr*

Den Begriff des Trennrohrs gebrauchen wir hier als Synonym für die lokalen Verhältnisse im Trennrohrquerschnitt, die über die beiden Parameter

p Trennstufenhöhe
q Zirkulationsstrom

in die Transportgleichungen eingehen.

Die Trennrohrparameter hängen einerseits von den mittleren Eigenschaften des Gemischs, andererseits von gewissen Struktur- und Betriebsdaten des Trennrohrs ab, die innerhalb eines zulässigen Bereichs variiert werden können.

Wir verzichten im Rahmen dieser Untersuchungen auf eine konkrete Analyse und führen nur formal

$\boldsymbol{r}$ Trennrohrvariable
$\boldsymbol{R}$ zulässiger Bereich

ein, wobei wir den Einfluß der ersteren durch die Symbolik

$$p = P(\boldsymbol{r}), \qquad q = Q(\boldsymbol{r})$$

andeuten.

2.3. *Säule*

Unter einer Thermodiffusionssäule verstehen wir ein Trennrohr mit definierten Werten für die Höhe und den Nettostrom, wobei wir die Bezeichnung

h Höhe der Säule
$\bar{s}$ Nettostrom durch die Säule

verwenden. Studiert man die Abhängigkeit des Konzentrationsprofils von diesen Einflußfaktoren, so zeigt sich, daß dieselben nur in der normierten Form

$$\left.\begin{aligned} \mu &= \frac{h}{p} \quad \text{Trennstufenzahl} \\ \beta &= \frac{\bar{s}}{q} \quad \text{Belastungszahl} \end{aligned}\right\} \text{der Säule}$$

Eingang finden.

2.4. *Stufe*

Die Stufe entsteht durch Parallelschaltung einer Anzahl gleichartiger Säulen. Wir führen demgemäß

z Anzahl der Säulen, Profilstärke

als neuen Einflußfaktor ein. Dieser wirkt sich über eine Reduktion der Belastungszahl aus. Vereinbaren wir allgemeiner

$\bar{s}$ Nettostrom durch die Stufe,

so gilt jetzt

$$\beta = \frac{\bar{s}}{qz} \quad \text{Belastungszahl der Stufe}.$$

2.5. *Kolonne*

Der Übergang zur Kolonne wird durch die Reihenschaltung mehrerer Stufen ohne Zwischenentnahme vollzogen. Dabei sei allgemein

n Anzahl der Stufen.

Die Einflußfaktoren

$$\left.\begin{aligned} &\mu_k \quad \text{Trennstufenzahl} \\ &z_k \quad \text{Profilstärke} \end{aligned}\right\} \text{der } k\text{-ten Stufe}$$

beschreiben das Profil der Kolonne. Unter Verwendung dieser Größen definieren wir

$z(*)$ Profilfunktion.

Hierzu werden die Stufen unmittelbar aneinandergereiht und längs der Kolonnenachse eine durchgängige Koordinate ν eingeführt (Abb. 1). Die Zwischenstellen und Enden der Kolonne fallen dann auf die Punkte

$$\nu_k = \sum_{l=1}^{k} \mu_l; \qquad k = 0, \dots, n, \tag{4}$$

wobei wir insbesondere den Endwert

$$\bar{\mu} = \nu_n \quad \text{Gesamttrennstufenzahl}$$

auszeichnen. Im Anschluß hieran wird $z(*)$ als ganzzahlige Treppenfunktion auf dem Intervall $[0, \bar{\mu}]$ erklärt:

$$z(\nu) = z_k, \quad \text{falls} \quad \nu_{k-1} \leqq \nu < \nu_k .$$

Man kann nun die Profilfunktion insgesamt als Einflußfunktion auffassen und anstelle der einzelnen Faktoren verwenden. Analog hierzu sind dann die einzelnen Belastungszahlen durch

$$\beta(\nu) = \frac{\bar{s}}{qz(\nu)} \quad \text{Belastungsfunktion}$$

zu ersetzen.

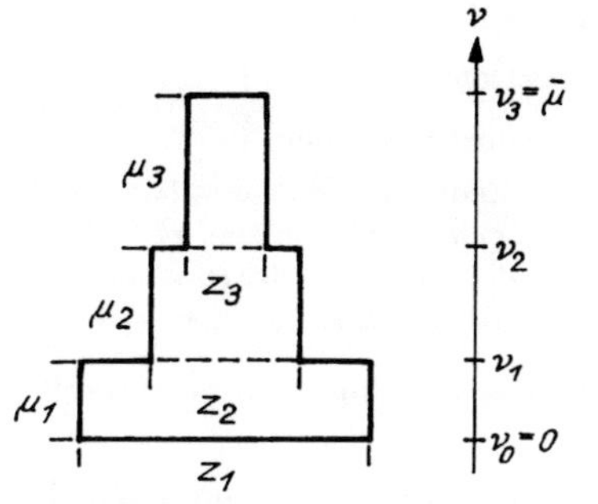

Abb. 1. Schematische Darstellung einer stufenförmigen Kolonne
μ_k – Trennstufenzahl, z_k – Profilstärke } der k-ten Stufe

2.6. *Kaskade*

Unter einer Kaskade verstehen wir allgemein einen Verband von mehreren Kolonnen. An dieser Stelle konzentrieren wir uns auf einen Standardtyp (Abb. 2).

Die Gesamtanlage baut sich aus zwei Teilkaskaden auf, zwischen denen die Zuführung des Gemischs erfolgt. Die Einspeisung wird durch

s_0 Eingabestrom
x_0^* Eingabekonzentrationen

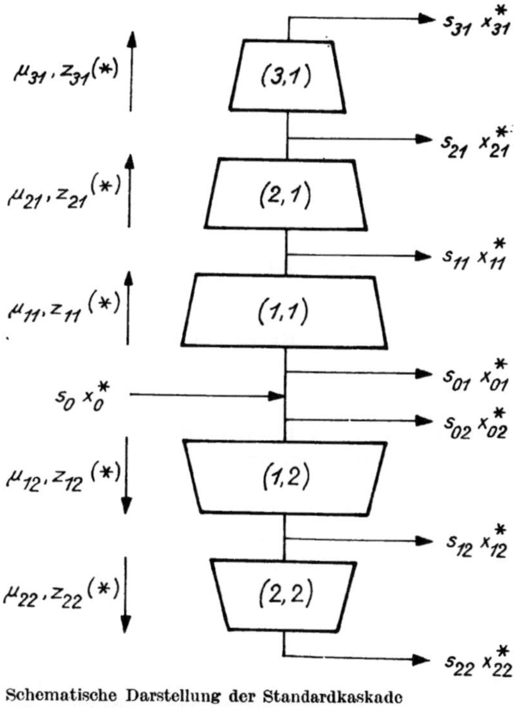

Abb. 2. Schematische Darstellung der Standardkaskade
s_0 – Eingabestrom; x_0^* – Eingabekonzentrationen; s_{kl} – Entnahmestrom; x_{kl}^* – Entnahmekonzentrationen; μ_{kl} – Trennstufenzahl; $z_{kl}(*)$ – Profilfunktion

beschrieben. Jede der beiden Teilkaskaden entsteht durch Reihenschaltung mehrerer Kolonnen; allgemein sei

n_l Kolonnenanzahl der l-ten Teilkaskade.

Eine Entnahme kann sowohl an den Enden der Kaskade als auch an jeder beliebigen Zwischenstelle vorgenommen werden. Insbesondere lassen wir zu, daß auch zwischen den beiden Teilkaskaden eire Entnahme erfolgen kann. Dabei wird allerdings unterstellt, daß sich zuvor alle dort zusammenlaufenden Ströme ideal vermischen. Aus formalen Gründen spalten wir diesen Entnahmestrom in zwei Teilströme auf, die wir den entsprechenden Teilkaskaden zuordnen können. Im einzelnen seien

s_{kl} Entnahmestrom
x_{kl}^* Entnahmekonzentrationen

an den beiden Enden der Kaskade ($k = n_l$; $l = 1, 2$), zwischen den beiden Teilkaskaden ($k = 0$; $l = 1, 2$) bzw. zwischen der k-ten und der $(k+1)$-ten Kolonne der l-ten Teilkaskade ($k = 1, \ldots, n_l - 1$; $l = 1, 2$).

Die einzelnen Stufen werden durch die strukturellen Parameter

$\bar{\mu}_{kl}$ Gesamttrennstufenzahl } der k-ten Kolonne
$z_{kl}(*)$ Profilfunktion } der l-ten Teilkaskade

charakterisiert.

Die Entnahmeströme hängen eng mit den Nettoströmen durch die einzelnen Kolonnen zusammen. Es sei

$\bar{s}_{kl}$ Nettostrom durch die Kolonne (k, l),

dann gilt

$$\bar{s}_{kl} = \sum_{j=k}^{n_l} s_{jl}; \quad k = 1, \ldots, n_l; \quad l = 1, 2\,. \tag{5}$$

Bei der Berechnung des Konzentrationsprofils werden die Einflußgrößen s_0, s_{kl}, $\bar{s}_{kl}$ und $z_{kl}(*)$ in normierter Form berücksichtigt. Nach geeigneter Festlegung von

$\mathring{s}$ Bezugsstrom

bilden wir

$$\sigma_0 = \frac{s_0}{\mathring{s}} \quad \text{Relativeingabe}$$

$$\sigma_{kl} = \frac{s_{kl}}{\mathring{s}} \quad \text{Relativentnahme}$$

$$\bar{\sigma}_{kl} = \frac{\bar{s}_{kl}}{\mathring{s}} \quad \text{Relativdurchsatz}$$

$$\zeta_{kl}(\nu) = \frac{z_{kl}(\nu)\, q}{\mathring{s}} \quad \text{Relativprofil}$$

Als Bezugsstrom bietet sich etwa der Eingangsstrom an, doch lassen wir die Wahl zunächst offen.

Für die Profilfunktion der Kolonne (k, l) gilt

$$z_{kl}(*) \in K(\bar{\mu}_{kl}, 1) \tag{6}$$

daraus folgt für das Relativprofil

$$\zeta_{kl}(*) \in K(\bar{\mu}_{kl}, \tau), \qquad \tau = \frac{q}{\mathring{s}} \tag{7}$$

Das letztere stellt insbesondere eine stückweise stetige Funktion dar. Umgekehrt können wir jede stückweise stetige Funktion als Relativprofil einer Kolonne auffassen, da durch entsprechende Wahl der technischen Parameter eine hinreichend genaue Realisierung möglich ist. Unter diesem Aspekt schwächen wir die Forderungen an das Relativprofil zur Kolonne (k, l) ab zu

$$\zeta_{kl}(*) \in K(\bar{\mu}_{kl}, 0) \tag{8}$$

3. Berechnung des Konzentrationsprofils

Nachdem wir den Aufbau der Standardkaskade erläutert haben, stellen wir uns die Aufgabe, das stationäre Konzentrationsprofil rechnerisch zu ermitteln.

3.1. *Vorgaben und Resultate*

Die Vorgabewerte bieten wir in normierter Form an; es sind dies im einzelnen

c^*	Gewichtskoeffizienten
x_0^*	Eingabekonzentrationen
n_*	Anzahl der Kolonnen
σ_{**}	Relativentnahmen
$\bar{\mu}_{**}$	Trennstufenzahlen
$\zeta_{**}(*)$	Relativprofile

Mit den Relativentnahmen ist als Folge der Gesamtmaterialbilanz auch die Relativeingabe festgelegt zu

$$\sigma_0 = \sum_{l=1}^{2} \sum_{k=0}^{n_l} \sigma_{kl} \tag{9}$$

Als Resultat erwarten wir

x_{**}^* Entnahmekonzentrationen ,

wobei insbesondere die komponentenweise Materialbilanz

$$\sigma_0 x_0^i = \sum_{l=1}^{2} \sum_{k=0}^{n_l} \sigma_{kl} x_{kl}^i \tag{10}$$

erfüllt sein muß.

3.2. *Gleichungssystem*

Die Berechnung des Konzentrationsprofils wird auf die Lösung eines Gleichungssystems zurückgeführt. Dabei haben wir eine solche Form der Aufbereitung gewählt, die den Gegenstromcharakter der Thermodiffusion besonders betont.

Vorbereitend berechnen wir in Analogie zu (5) die Relativdurchsätze

$$\bar{\sigma}_{kl} = \sum_{j=k}^{n_l} \sigma_{jl} \tag{11}$$

Ferner verwenden wir bei der Formulierung des Gleichungssystems die Hilfsfunktionen

$$\left.\begin{array}{l} F_l^i(\breve{u}^*, \breve{v}^*, \hat{u}^*, \hat{v}^*; \bar{\mu}, \beta(*)) \\ G_l^i(\breve{u}^*, \breve{v}^*, \hat{u}^*, \hat{v}^*; \bar{\mu}, \beta(*)) \end{array}\right\} \begin{array}{l} i = 1, \ldots, m \\ l = 1, 2 \end{array}$$

wobei die Hilfsvariablen $\breve{u}^*$, $\breve{v}^*$, $\hat{u}^*$, $\hat{v}^*$, der Parameter $\bar{\mu}$ und die Parameterfunktion $\beta(*)$ als Argumente erscheinen. Diese Funktionen erfassen die Verhältnisse innerhalb der einzelnen Kolonnen und sollen deshalb als definierende Funktionen der Kolonne bezeichnet werden. Sie haben für alle Kolonnen innerhalb einer Teilkaskade die gleiche Form. Ihre Spezifizierung erfolgt später.

Damit formulieren wir für die Unbekannten

$$\left.\begin{array}{ll} \breve{u}_{kl}^i & k = 1, \ldots, n_l; \; l = 1, 2 \\ \breve{v}_{kl}^i & k = 1, \ldots, n_l; \; l = 1, 2 \\ \hat{u}_{kl}^i & k = 0, \ldots, n_l; \; l = 1, 2 \\ \hat{v}_{kl}^i & k = 1, \ldots, n_l + 1; \; l = 1, 2 \end{array}\right\} i = 1, \ldots, m$$

das nachstehende Gleichungssystem:

$$\left.\begin{array}{l} F_l^i\left(\check{u}_{kl}^*, \check{v}_{kl}^*, \hat{u}_{kl}^*, \hat{v}_{kl}^*; \bar{\mu}_{kl}, \dfrac{\bar{\sigma}_{kl}}{\zeta_{kl}(*)}\right) = 0 \\ G_l^i\left(\check{u}_{kl}^*, \check{v}_{kl}^*, \hat{u}_{kl}^*, \hat{v}_{kl}^*; \bar{\mu}_{kl}, \dfrac{\bar{\sigma}_{kl}}{\zeta_{kl}(*)}\right) = 0 \\ \check{u}_{kl}^i = \hat{u}_{k-1l}^i \\ \check{v}_{kl}^i = \dfrac{\sigma_{kl}}{\bar{\sigma}_{kl}} \hat{u}_{kl}^i + \dfrac{\bar{\sigma}_{k+1l}}{\bar{\sigma}_{kl}} \hat{v}_{k+1l}^i \end{array}\right\} \begin{array}{l} i = 1, \ldots, m \\ k = 1, \ldots, n_l \\ l = 1, 2 \end{array}$$

$$\left.\begin{array}{l} \sum_{l=1}^{2} (-1)^l \hat{u}_{0l}^i = 0 \\ \sum_{l=1}^{2} \sigma_{0l} \hat{u}_{0l}^i + \sum_{l=1}^{2} \bar{\sigma}_{1l} \hat{v}_{1l}^i = \sigma_0 x_0^i \\ \hat{v}_{n_1+11}^i = 0 \\ \hat{v}_{n_2+12}^i = 0 \end{array}\right\} i = 1, \ldots, m \qquad (12)$$

Durch Eliminierung von $\check{u}_{kl}^*$, $\check{v}_{kl}^*$ gelangt man anschließend zu einem Gleichungssystem der Struktur

$$\left.\begin{array}{l} \left.\begin{array}{l} F_{kl}^i(\hat{u}_{k-1l}^*, \hat{u}_{kl}^*, \hat{v}_{kl}^*, \hat{v}_{k+1l}^*) = 0 \\ G_{kl}^i(\hat{u}_{k-1l}^*, \hat{u}_{kl}^*, \hat{v}_{kl}^*, \hat{v}_{k+1l}^*) = 0 \end{array}\right\} \begin{array}{l} i = 1, \ldots, m \\ k = 1, \ldots, n_l \\ l = 1, 2 \end{array} \\ \left.\begin{array}{l} H_l^i(\hat{u}_{01}^*, \hat{u}_{02}^*, \hat{v}_{11}^*, \hat{v}_{12}^*, \\ \quad \hat{u}_{n_1 1}^*, \hat{u}_{n_2 2}^*, \hat{v}_{n_1+11}^*, \hat{v}_{n_2+12}^*) = 0 \end{array}\right\} \begin{array}{l} i = 1, \ldots, m \\ l = 1, \ldots, 4 \end{array} \end{array}\right\} \qquad (13)$$

mit entsprechenden systemdefinierenden Funktionen F_{kl}^i, G_{kl}^i und H_l^i. Es umfaßt insgesamt

$$N = 2m(n_1 + n_2 + 2)$$

Gleichungen für die gleiche Anzahl von Unbekannten.

Von den Parametern, die die Lösung beeinflussen, führen wir n_*; σ_{**}, $\bar{\mu}_{**}$ und $\zeta_{**}(*)$ ausdrücklich an. Die Gewichtskoeffizienten und die Eingabekonzentrationen behandeln wir dagegen als Konstanten.

Die Auflösung des Gleichungssystems, die im allgemeinen mit Hilfe numerischer Verfahren vollzogen werden muß, liefert insbesondere

$$\hat{u}_{kl}^i = \hat{U}_{kl}^i(n_*, \sigma_{**}, \bar{\mu}_{**}, \zeta_{**}(*))$$

Die gewünschten Entnahmekonzentrationen gewinnt man schließlich durch die Normierung

$$x_{kl}^i = \frac{\hat{u}_{kl}^i}{\hat{u}_{kl}^+} \qquad (14)$$

wobei sich die Abhängigkeit von den genannten Parametern gemäß

$$x_{kl}^i = X_{kl}^i(n_*, \sigma_{**}, \mu_{**}, \zeta_{**}(*))$$

überträgt.

3.3. *Definierende Funktionen*

Wir spezifizieren die kolonnenbezogenen definierenden Funktionen für den Fall der Thermodiffusion, indem wir die Vorschrift zur Berechnung der Funktionswerte

$$f_l^i = F_l^i(\check{u}^*, \check{v}^*, \hat{u}^*, \hat{v}^*; \bar{\mu}, \beta(*))$$

$$g_l^i = G_l^i(\check{u}^*, \check{v}^*, \hat{u}^*, \hat{v}^*; \bar{\mu}, \beta(*))$$

angeben.

Die Funktion $\beta(*)$ hat die Bedeutung der Belastungsfunktion der betreffenden Kolonne und stellt im allgemeinen eine stückweise stetige Funktion auf dem Intervall $[0, \bar{\mu}]$ dar. Das vollständige Intervall wollen wir auch mit N bezeichnen, die Menge der Stetigkeitspunkte von $\beta(*)$ auf demselben hingegen mit N'.

Wir ermitteln zunächst m Funktionen $u^*(\nu)$ entsprechend den folgenden Bedingungen:

$$\left.\begin{array}{l} u^i(\nu) \text{ stetig auf } N \text{ und differenzierbar auf } N' \\ \nu \in N': \quad \dfrac{du^i}{d\nu} = (-1)^l c^i u^i - \beta(\nu) \dfrac{\check{v}^i}{\check{v}^+} u^+ \\ \nu = 0: \ u^i = \check{u}^i \end{array}\right\} \qquad (15)$$

Dieses modifizierte Anfangswertproblem hat stets eine Lösung, doch muß diese im allgemeinen mit numerischen Methoden ermittelt werden. Falls sich aber die Belastungsfunktion $\beta(*)$ speziell auf eine Konstante β reduziert, ist eine weitgehend elementare Lösung der Anfangswertaufgabe möglich. Hierzu sind folgende Schritte erforderlich:

1) Bestimmung der Eigenwerte $e^1, \ldots, e^m$ als Wurzeln der nachstehenden Gleichung für e:

$$\sum_{i=1}^{m} \frac{\check{v}^i}{c^i - e} = (-1)^l \frac{\check{v}^+}{\beta} \qquad (16)$$

2) Berechnung der Matrizen

$$p^{ij} = \frac{\prod_{k \neq j}(c^i - e^k)}{\prod_{k \neq i}(c^i - c^k)}, \quad q^{ij} = \frac{\prod_{k \neq j}(e^i - c^k)}{\prod_{k \neq i}(e^i - e^k)} \qquad (17)$$

3) Herstellung der Lösung

$$u^i(\nu) = \sum_{j=1}^{m} \sum_{k=1}^{m} p^{ik} \exp\left((-1)^l e^k \nu\right) q^{kj} \check{u}^j \qquad (18)$$

Im Anschluß an die Lösung des Anfangswertproblems berechnen sich die benötigten Funktionswerte zu

$$\left.\begin{array}{l} f_l^i = u^i(\bar{\mu}) - \hat{u}^i \\ g_l^i = \check{u}^+ \check{v}^i - \hat{u}^+ \hat{v}^i \end{array}\right\} \qquad (19)$$

Im Spezialfall einer konstanten Belastungsfunktion sprechen wir von einer rechteckigen Kolonne, die sich analog der einzelnen Stufe verhält. Die hierzu gehörenden definierenden Funktionen besitzen also eine fast elementare Darstellung.

3.4. *Programmierung*

Zur numerischen Ermittlung des stationären Konzentrationsprofils ist das EDV-Programm TERKAS entworfen worden. Es bezieht sich primär auf eine Kaskade vom Standardtyp mit rechteckigen Kolonnen. Nun kann aber eine Kaskade mit mehrstufigen Kolonnen zurückgeführt werden auf eine solche mit einstufigen Kolonnen, indem man jede einzelne Stufe als eine Kolonne interpretiert. Somit beherrschen wir numerisch auch den Fall einer Standardkaskade aus beliebigen stufenförmigen Kolonnen.

Das Gesamtprogramm setzt sich aus einem allgemeinen und einem speziellen Teil zusammen.

Im allgemeinen Teil wird die Lösung von Gleichungssystemen der besonderen Struktur (13) realisiert. Derartige Systeme sind über die Termodiffusion hinaus für beliebige Gegenstromverfahren typisch. Sie bauen sich aus Subsystemen mit Bandstruktur auf, die über die Ränder miteinander verkoppelt sind. Als Lösungsalgorithmus dient ein modifiziertes Newtonsches Iterationsverfahren.

Im speziellen Programmteil werden die systemdefinierenden Funktionen für den Fall der Thermodiffusion in der Form von Unterprogrammen bereitgestellt. Der Rechenaufwand bei der Abarbeitung dieser Unterprogramme bestimmt entscheidend den Gesamtaufwand. Unter diesem Aspekt wurden bisher nur rechteckige Kolonnen mit ihren relativ einfachen definierenden Funktionen berücksichtigt.

Eingegangen am 18. 1. 1981

Literatur

[1] *K. Clusius, E. Varde*, Helv. Chim. Acta **46** (1963) 2146
[2] *J. Meinrenken*, Z. Naturforsch. **22a** (1967) 1261
[3] *G. W. Wheeler, R. B. Schwartz, W. W. Watson*, Phys. Rev. **92** (1953) 121
[4] *N. C. Blais, W. W. Wheeler*, Phys. Rev. **104** (1956) 202
[5] *G. Müller, S. Trommer, K. Wilde*, Kernenergie **8** (1965) 297
[6] *G. Müller*, Z. Chemie **3** (1963) 478
[7] *K. Cohen*, The theory of isotope separation as applied to large-scale production of ^{235}U, Mc Graw Hill Comp., New York 1951
[8] *G. Vasaru, G. Müller, G. Reinhold, T. Fodor*, The thermal diffusion column, Dt. Verl. d. Wiss., Berlin 1969

Der Druck als Zustandsvariable in isotopischen Modellsystemen

J. Heybey, P. Harting

(Zentralinstitut für Isotopen- und Strahlenforschung der AdW der DDR, Leipzig) [1]

Experimentelle Untersuchungen zu Löslichkeits-Isotopieeffekten im System Kohlendioxid—Tetrachlorkohlenstoff unter hohen Drücken zeigten eine unerwartet starke Abhängigkeit des Trennfaktors von den Gleichgewichtsbedingungen. Nicht nur bei Veränderung der Temperatur, sondern auch des Druckes ist eine mehrfache Umkehr des Vorzeichens des Isotopieeffektes möglich.
Die vorliegenden experimentellen Ergebnisse stehen in guter Übereinstimmung mit den Aussagen einer neu entwickelten Methode zur Berechnung derartiger Isotopieeffekte. Grundlage ist die statistisch-mechanische Berechnung der chemischen Potentiale der Spezies in der Lösung und in der Gasphase. Die Löslichkeits-Isotopieeffekte ergeben sich bis zu hohen Drücken unmittelbar aus der Veränderung der Molekülgeometrie und der Virialkoeffizienten bei Isotopensubstitution. Diese Größen sind theoretisch und in bestimmten Fällen auch experimentell zugänglich.

Keywords

carbon isotopes; hydrogen isotopes; isotope effects; isotope ratio; pressure dependence; solubility; thermodynamics

1. Problemstellung

Variationen der isotopischen Zusammensetzung sind häufig die einzigen materialisierten Reste, die uns Aussagen über Ort und Bedingungen längst vergangener Geschehensabläufe gestatten. Sehr ausgebaut und erfolgreich sind die Methoden, die wir unter dem Begriff „Isotopen-Geothermometer" zusammenfassen können. Ebenso wie die Temperatur ist der Druck eine Zustandsvariable, und es ist eine interessante Frage, inwieweit bestimmte Variationen der isotopischen Zusammensetzung von Stoffen u. U. auch als „Geomanometer" dienen können, also Aussagen über die Druckbedingungen gestatten, unter denen sich Stoffe formiert haben.

Es soll nicht nur auf den Einfluß des Druckes auf Isotopieeffekte hingewiesen werden, sondern anhand gezielter Modellexperimente und theoretischer Betrachtungen auch ein Eindruck von der Größe dieses Einflusses gegeben sowie Möglichkeiten zu seiner Abschätzung erörtert werden. Betrachten wir einen chemischen Austausch

$$[AX_n] + [BX'_n] \rightarrow [AX'_n] + [BX_n],$$ X leichteres Nuklid, X' schwereres Nuklid.

Die Gleichgewichtskonstante

$$K(T, P) = \frac{[AX'_n]\,[BX_n]}{[AX_n]\,[BX'_n]} \sim e^{-\frac{\Delta G}{RT}} = e^{-\frac{\Delta F}{RT}} \cdot e^{-\frac{P\Delta V}{RT}}$$

(ΔG freie Reaktionsenthalpie)
(ΔF Änderung der freien Energie)

hängt vom Druck ab. Unterschiede in den Volumenänderungen von $\Delta V = 1\ cm^3$ bringen bei Drücken von 10 MPa (100 atm) und Zimmertemperatur (300 K) einen Isotopieeffekt von 4 ‰. Ein Maß für Unterschiede im thermischen Verhalten eines realen Gases im Vergleich zum idealen Gas gibt der Virialkoeffizient $B(T)$. Die Unterschiede in den Virialkoeffizienten deuterierter und unsubstituierter Verbindungen betragen einige cm^3/mol [1]:

$$\Delta B = B_{\text{perdeut.}} - B, \quad 300\ K$$

$$\Delta K \approx \Delta \ln K = -\frac{\Delta G}{RT} = -\frac{P\Delta B}{RT}$$

$$CH_4 \quad 2{,}5\ cm^3/mol \rightarrow \Delta K = -\frac{10 \cdot 2{,}5}{8{,}3 \cdot 300} \approx$$

$$\approx -10 \cdot 10^{-3}$$

C_2H_6	3,2 cm^3/mol	Druck P = 10 MPa
neo - C_5H_{12}	19,6 cm^3/mol	abs. Temperatur T = 300K
NH_3	10,3 cm^3/mol	Gaskonstante
		R = 8,314 J/mol K

$$B_{^{13}CH_4} - B_{^{12}CH_4} \approx -0{,}2\ cm^3/mol$$

Werden bei einem Isotopenaustauschprozeß beispielsweise 1 Mol Methan und 1 Mol Perdeuteromethan bei 10 MPa umgesetzt, führt der Unterschied ΔB im Virialkoeffizienten zu einem Unterschied in den Reaktionsenthalpien von 25 J (6 cal) und damit bei Zimmertemperatur zu einem Isotopieeffekt von 10‰.

[1] Anschrift: 7050 Leipzig, Permoserstraße 15

Modellsystem:

Mischung isotopensubstituierter

CH_4- oder CO_2-Spezies [8, 9]

CCl_4 als Lösungsmittel

$T, P, \mu^{\text{Gas}} = \mu^{\text{Flüssigkeit}}$

Ein geschlossenes Gefäß möge eine gasförmige Mischung zweier isotopensubstituierter Stoffe enthalten und eine Flüssigkeitsschicht, in der ein Teil dieser Mischung gelöst ist. x, y, x', y' sind die Molenbrüche der Komponenten, mit dem Strich sei das schwerere Nuklid gekennzeichnet.

Die isotopische Zusammensetzung ist in beiden Phasen i. allg. unterschiedlich. Man kann einen Isotopentrennfaktor α durch folgendes Verhältnis der Molenbrüche definieren:

$$\alpha = \frac{x'/x}{y'/y} = \frac{y/x}{y'/x'} = \alpha(T, P)$$

α hängt nicht nur von der Temperatur, sondern auch vom Druck ab. Die Bedingung für das Phasengleichgewicht in heterogenen Systemen ist — neben einer einheitlichen Temperatur und einem einheitlichen Druck — die Gleichheit der chemischen Potentiale in beiden Phasen. In der verdünnten Lösung ist die Fugazität f gelösten Gases direkt proportional seinem Molenbruch x in der flüssigen Phase:

$$\lim_{x \to 0} \frac{f}{x} = K_H(T, P) \quad \textit{Henry}\text{-Konstante.}$$

Der Proportionalitätkoeffizient K_H, die *Henry*-Konstante, hängt von Druck und Temperatur ab. Man kann die Fugazität in Faktoren zerlegen:

$$f = y \cdot P \cdot \Phi, \quad \lim_{x \to 0} \frac{y}{x} = \frac{K_H}{P\Phi}$$

y, Φ Molenbruch und Fugazitätskoeffizient in der Gasphase, P Gesamtdruck im System.

Man findet

$$\alpha = \frac{y/x}{y'/x'} = \frac{K_H}{K'_H} \cdot \frac{\Phi'}{\Phi}$$

Die Betrachtung des Trennfaktors zeigt, daß er vom Verhältnis der *Henry*-Konstanten K_H/K'_H und Fugazitätskoeffizienten Φ'/Φ beider isotopensubstituierter Spezies abhängt. Wir müssen nun die Zahlenwerte dieser Quotienten und ihre Veränderung mit dem Druck berechnen.

2. Berechnung des Isotopieeffektes des Fugazitätskoeffizienten

Der Fuagzitätskoeffizient kann ausgehend von der entsprechenden Zustandsgleichung über die Beziehung

$$\ln \Phi = \frac{1}{RT} \int_0^p (V(p, T) - V_{\text{id}}) \, \mathrm{d}p$$

$$= \int_0^p (Z(p, T) - 1) \frac{\mathrm{d}p}{p}$$

$V(p, T)$ Molvolumen, $Z(p,T)$ Kompressibilitätsfaktor berechnet werden. Die bekannteste Zustandsgleichung ist die *van der Waals*-Gleichung $\left(p + \frac{a}{V^2}\right)(V - b) = RT$.

V ist das Volumen eines Mols an Gas, der Parameter b wird von den abstoßenden Kräften zwischen den Molekülen bestimmt. Die molekulare Theorie zeigt, daß b näherungsweise dem vierfachen Eigenvolumen $b_0 = \frac{2\pi}{3} N_L \sigma^3$ der Moleküle ist; das Volumen zwei- oder mehratomiger Moleküle ändert sich jedoch bei Isotopensubstitution, Moleküldurchmesser $\sigma \to \sigma'$, $b \to b'$. Für Kohlenwasserstoffe ist die Veränderung des mittleren Abstandes zwischen Kohlenstoff- und Wasserstoffkern C—H infolge Ersetzung des Wasserstoffkerns durch einen Deuteriumkern unmittelbar gemessen und berechnet worden. So fanden *Kuchitsu* und *Bartell* [2], daß sich der Abstand C—D um $4^0/_{00}$ im Vergleich zum C—H-Abstand verringert. Diese Verkürzung der mittleren Bindungslänge bedeutet im Fall von Methan, daß das Eigenvolumen der Moleküle und damit die *van der Waals*-Konstante b des Perdeuteromethans um reichlich 10 ‰ kleiner ist.

Ein überzeugender Beweis für die Verringerung des Durchmessers der deuterierten Moleküle gelang *M. Mohnke* [3] durch die praktisch temperaturunabhängige Trennung deuterosubstituierter Kohlenwasserstoffe über Molsiebe. Ebenso verändert sich auch die Polarisierbarkeit α_p des isotopensubstituierten Moleküls [4], die Polarisierbarkeit des Perdeuteromethans ist um 15 ‰ geringer. Auf diese Weise verändert sich auch die *van der Waals*-Konstante a, $a \to a'$. Im Ergebnis der Isotopensubstitution finden wir eine merkbare Veränderung des Kompressibilitätsfaktors Z (der Zuszandsgleichung) und im Zusammenhang damit eine Veränderung der Fugazität f bei genügend hohen Drücken:

$$Z \to Z' = Z + \Delta Z$$
$$f \to f' = f + \Delta f$$
$$\Phi \to \Phi' = \Phi + \Delta\Phi$$

Bei den Berechnungen werden moderne Zustandsgleichungen für dichte Gase verwendet, die auf dem Hartkugelmodell beruhen [5], [6]. Leider sind sie um so schwieriger zu handhaben, je genauer sie sind. Auf Einzelheiten der Rechnung soll nicht näher eingegangen werden (siehe Anhang). In Abb. 1 ist der Unterschied in den Realgaseigenschaften von Perdeuteromethan und Methan bei Zimmertemperatur dargestellt.

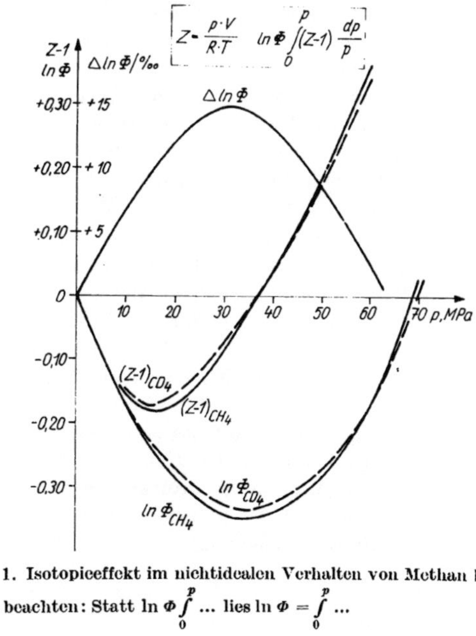

Abb. 1. Isotopieeffekt im nichtidealen Verhalten von Methan bei 298 K

Bitte beachten: Statt $\ln \Phi \int_0^p \ldots$ lies $\ln \Phi = \int_0^p \ldots$

Folgender Grundzug ist zu erkennen:

Der Unterschied in den Fugazitäten zeigt einen ähnlichen Verlauf wie die Abweichung des Verhaltens des unsubstituierten Stoffes vom idealen Verhalten (der Unterschied ist im zwanzigfach vergrößerten Maßstab dargestellt). Der Unterschied wächst mit der Erhöhung des Druckes an, durchläuft ein Maximum und verschwindet wieder. Bei hohen Drücken finden wir die größere Fugazität für die isotopenleichteren Spezies.

3. Zur Berechnung des Isotopieeffektes in der Henry-Konstante

Ausgangspunkt ist die Berechnung der Veränderung des chemischen Potentials (d. h. der freien Enthalpie) des gelösten Stoffes bei der Lösung [7]:

$$G_L = \bar{G}_c + \bar{G}_i + RT \ln\left(\frac{RT}{V_1^0}\right) + P \frac{\pi}{6} N_L \sigma_2^3 =$$

$$= RT \ln K_H = RT \lim_{x \to 0} \frac{f}{x}$$

$$\bar{G}_c = RT \frac{3y}{1-y}\left[\left(\frac{\sigma_2}{\sigma_1}\right)^2 - \frac{\sigma_2}{\sigma_1} + \frac{3}{2}\frac{y}{1-y}\left(\frac{\sigma_2}{\sigma_1}\right)^2\right]$$

$$\bar{G}_i = G_{ind} + G_{disp}$$

$$\bar{G}_{disp} = -\frac{4}{9}\frac{N_L}{V_1^0}\varepsilon_{12}\sigma_1^3\left(1 + \frac{\sigma_2}{\sigma_1}\right)^3$$

V_1^0 Molvolumen des Lösungsmittels

σ_1, σ_2 Durchmesser der Moleküle von Lösungsmittel und gelöstem Stoff

ε_{12} Wechselwirkungsparameter

$y = \frac{\pi}{6}\frac{N_L}{V_1^0}\sigma_1^3$ Raumerfüllungsfaktor

Dabei werden Vorstellungen verwendet, die von *Pierotti* [7] auf der Grundlage des Hartkugelmodells für Flüssigkeiten entwickelt wurden.

Zum ersten muß in der Flüssigkeit ein kugelförmiger Hohlraum geschaffen werden, in den man das gelöste Molekül hineinbringt. Dabei wird Energie $\bar{G}_c$ verbraucht; Arbeit muß gegen den inneren Druck des umgebenden Mediums geleistet werden.

Für das Perdeuteromethan ist der Energieaufwand geringer als für das normale Methan, da die Molekülgröße des Perdeuteromethans geringer ist. Zum zweiten tritt das in den kugelförmigen Hohlraum hineingebrachte Molekül in Wechselwirkung mit den umgebenden Molekülen des Lösungsmittels. Dabei wird Energie $\bar{G}_i$ freigesetzt, im Fall des schwächer polarisierbaren Perdeuteromethanmoleküls weniger als im Fall des unsubstituierten Methans.

Auf diese Weise läßt sich der Unterschied in der Veränderung des chemischen Potentials bei der Lösung isotopensubstituierter Stoff berechnen. Eine zentrale Rolle spielt dabei das Verhältnis der Moleküldurchmesser σ_1/σ_2 von Lösungsmittel und gelöstem Stoff. Es lassen sich Formeln ableiten, die die Abhängigkeit der *Henry*-Konstante K_H vom Druck P über der Lösung beschreiben. Das errechnete partielle molare Volumen $\bar{v}$ des gelösten Gases — vgl. die entsprechende Definitionsgleichung

$$\left(\frac{\partial \ln K_H}{\partial P}\right)_{T, P^0} = \frac{\bar{v}}{RT}$$

— hängt u. a. von der Kompressibilität des Lösungsmittels und von Durchmesser und Polarisierbarkeit der gelösten Moleküle ab. Auf diese Weise kann man theoretische Aussagen über die Veränderung des Isotopieeffektes der *Henry*-Konstante in Abhängigkeit vom Druck gewinnen.

4. Diskussion

Vergleich von theoretischen und experimentellen Frgebnissen

Die Kenntnis des Isotopieeffektes bei der Lösung von Gasen in Flüssigkeiten unter Drücken bis zu einigen Dutzend Megapascal ist auch bei der Untersuchung bestimmter geologischer Probleme interessant. Sie geht von der Definitionsgleichung des *Henry*-Koeffizienten aus. Man erhält zunächst die Logarithmen der Molebrüche der gelösten unsubstituierten Spezies:

$$\ln x = \ln f - \ln K_{H(T,P^0)} - \frac{\bar{v}(P - P^0)}{RT},$$

Substitution

$$\sigma_2 \to \sigma_2' = \sigma_2 + \Delta\sigma_2 \quad \varepsilon_{12} \to \varepsilon_{12}' = \varepsilon_{12} + \Delta\varepsilon_{12}$$

$$\alpha_{2p} \to \alpha_{2p}'$$

$$K_H \to K_H' = K_H + \Delta K_H \qquad \bar{v} \to \bar{v}' = \bar{v} + \Delta\bar{v}$$

führt zu

$$\ln x' = \ln (f + \Delta f) - \ln (K_H + \Delta K_H)$$

$$- \frac{(\bar{v} + \Delta\bar{v})\,(P - P^0)}{RT} = \ln (x + \Delta x)$$

Die geringe Größe der durch die Isotopensubstitution hervorgerufenen Unterschiede wird für eine Entwicklung der Logarithmen genutzt:

$$\Delta \ln x = \ln (x + \Delta x) - \ln x = \ln\left(1 + \frac{\Delta x}{x}\right) \approx \frac{\Delta x}{x}$$

Der Isotopieeffekt der Löslichkeit erweist sich somit näherungsweise als die Summe dreier Beiträge:

$$\frac{\Delta x}{x} = \frac{\Delta \Phi}{\Phi} - \frac{\Delta K_H}{K_H} - \frac{\Delta\bar{v} \cdot P}{RT}$$

Sie enthalten den Unterschied in der Fugazität (in der Gasphase), den Unterschied in der *Henry*-Konstante und den Unterschied im partiellen molaren Volumen der gelösten isotopensubstituierten Gase.

Es ist vor allem das nichtideale Verhalten in der Gasphase, das für den — auf den ersten Blick ungewöhnlichen — Einfluß des Druckes verantwortlich ist. Es kann mehrfache Umkehr (mehrfachen Vorzeichenwechsel) des Isotopieeffektes hervorrufen (Abb. 2). Um die theoretischen Aussagen über den Einfluß des Druckes auf den Isotopentrennfaktor bei der Lösung von Gasen in Flüssigkeiten mit den Ergebnissen experimenteller Untersuchungen an Modellsystemen zu vergleichen, ist in Abb. 3 die massenspektrometrisch bestimmte Fraktionierung der Kohlenstoff- und Sauerstoffisotope bei der Lösung von CO_2 in Tetrachlorkohlenstoff bei Zimmertemperatur und Drücken bis zu 30 Megapascal (300 Atmosphären) [9] dargestellt. Gemessene und berechnete Verläufe der Druckabhängigkeiten sind recht ähnlich.

Bei niedrigen Drücken ist die Lösung mit isotopenleichteren Spezies angereichert, der Isotopieeffekt verringert sich bei Druckerhöhung und zeigt einen Nulldurch-

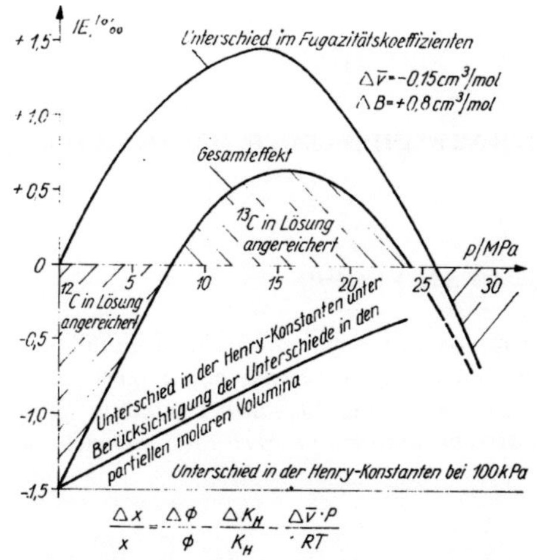

Abb. 2. Einfluß des Druckes auf den $^{13}C/^{12}C$-Isotopieeffekt des CO_2 bei der Lösung einer Kohlendioxid-Stickstoff-Mischung in CCl_4 bei 300 K (Modellrechnung)

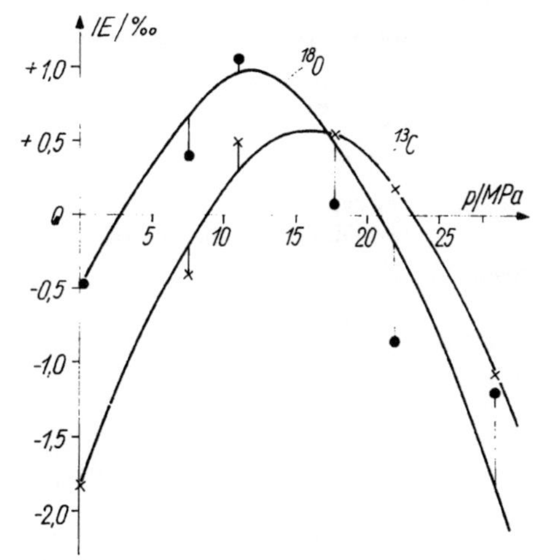

Abb. 3. Experimentell ermittelte Werte für den $^{13}C/^{12}C$- und $^{18}O/^{16}O$-Isotopieeffekt im System CO_2-CCl_4 bei 295 K

gang. Die maximale Anreicherung der Lösung mit dem schwereren Nuklid wird bei Drücken erreicht, bei denen der Kompressibilitätsfaktor des Gases besonders niedrig ist. Bei zunehmender Erhöhung des Druckes fällt der Isotopieeffekt und wechselt erneut sein Vorzeichen. Bei noch höheren Drücken werden isotopenleichte Spezies in der Lösung angereichert.

Die Abhängigkeit des Löslichkeitsisotopieeffekts vom Druck kann für die konkreten Systeme eine recht unterschiedliche Form annehmen. Sie hängt vom Vorzeichen und gegenseitigen Gewicht der einzelnen Beiträge ab. Beim Stickstoff dominieren oberhalb der Zimmertemperatur die abstoßenden Kräfte, hier wird es kein ausgeprägtes Extrem der Isotopieeffekte geben, es müßte bei negativen Drücken liegen. Für die Isotopieeffekte des Fugazitätskoeffizienten — und i. allg. damit der Löslichkeit — ist ein Extrem zwischen den Minima von Kompressibilitätsfaktoren und Fugazitätskoeffizienten zu erwarten.

Abschließend soll darauf hingewiesen werden, daß die Analyse des Isotopieeffektes in konkreten heterogenen Gleichgewichtssystemen unter höheren Drücken i. allg. die Behandlung beider Phasen als Dreikomponentensysteme erforderlich macht. Es sind nämlich die Abhängigkeit der Fugazitätskoeffizienten von der Zusammensetzung der Gasphase und die Abhängigkeit der Aktivität der gelösten Gase in der flüssigen Phase von ihren Konzentrationen zu berücksichtigen; wegen der hohen Löslichkeit der Gase in Tetrachlorkohlenstoff liefert letztere in unseren Modellsystemen einen Beitrag zur Druckabhängigkeit. Bei einer Reihe geologischer Systeme müssen die lösenden Eigenschaften der stark komprimierten Gasphase berücksichtigt werden, auf die besonders *T. Жузе* [10] hingewiesen hat. Trotz gewisser Komplikationen kann aber die vorgestellte Art und Weise der modellmäßigen theoretischen und experimentellen Untersuchungen auch für diese Systeme im wesentlichen unverändert übernommen werden.

Eingegangen am 21. 1. 1981

Literatur

[1] *G. Thomaes, R. van Steenwinkel*, Mol. Phys. **5** (1962) 307; *I. Gainar, K. Schäfer, B. Schmeiser, B. Schramm, K. Stein*, Ber. Bunsen-Ges. **77** (1973) 372

[2] *K. Kuchitsu, L. S. Bartell*, J. Chem. Phys. **36** (1962) 2460, 2481

[3] *M. Mohnke*, Adsorptions-Kapillarchromatographie zur Untersuchung von Isotopieeffekten; Dissertation, Leipzig 1976

[4] *E. A. Frivold*, Trans Faraday Soc. **54** (1958) 1441

[5] *L. Haar, S. H. Shenker*, J. Chem. Phys. **55** (1971) 4951

[6] *J. Heybey*, Zustandsgleichungen für Isotopensysteme bei hohen Drücken und Temperaturen, Kolloquium ZfI Leipzig 1972; Arbeitsberichte 1972 und 1973

[7] *R. A. Pierotti*, J. Phys. Chem. **67** (1963) 1840; *E. Wilhelm, R. Battino*, J. Chem. Thermodyn. **3** (1971) 379

[8] *P. Harting, J. Heybey*, Untersuchungen des Kohlenstoff- und Sauerstoffisotopieeffektes beim Lösen von Kohlendioxid in Tetrachlorkohlenstoff unter Normalbedingungen und Deutung der Ergebnisse, um Aussagen zum Verhalten isotopensubstituierter CO_2-Spezies zu erhalten, Fachbericht ZfI Leipzig 1977

[9] *J. Heybey, P. Harting*, Theoretische und experimentelle Bestimmung der Druckabhängigkeit des Isotopieeffekts der Löslichkeit von Gasen in Tetrachlorkohlenstoff, Fachbericht ZfI Leipzig 1978

[10] *T. П. Жузе*, Сжатые газы как растворители, изд. Наука, Москва 1974

Anhang

Kompressibilitätsfaktor $Z(V, T) = \overset{\text{MHC}}{Z}(y) + \frac{B(T)}{V}$

Raumerfüllungsfaktor $y = \frac{\frac{\pi}{6} N_L \sigma^3}{V} = \frac{b}{4V}, \quad \frac{1}{V} = \frac{1}{Z}\frac{P}{RT}$

$$Z(p, T) = 1 + 0{,}625\,\frac{1}{Z^2}\left(\frac{pb}{RT}\right)^2 + 0{,}287\,\frac{1}{Z^3}\left(\frac{pb}{RT}\right)^3 + \ldots + \frac{1}{Z}\frac{pB}{RT}$$

$$\Delta Z = \frac{3{,}75\,\frac{1}{Z^2}\left(\frac{pb}{RT}\right)^2 \frac{\Delta\sigma}{\sigma} + 2{,}58\,\frac{1}{Z^3}\left(\frac{pb}{RT}\right)^3 \frac{\Delta\sigma}{\sigma} + \ldots + \frac{1}{Z}\frac{pb}{RT}\frac{\Delta B}{b}}{1 + \frac{1}{Z^2}\frac{pB}{RT}}$$

N_2, CH_4, CO: $b \approx 60\,\text{cm}^3/\text{mol}$ $\quad pb/RT \approx 1$ für $p = 40$ MPa

$$\ln \Phi = 2Z - 1 - \ln Z - \left[1 + 0{,}312\,\frac{1}{Z^2}\left(\frac{pb}{RT}\right)^2 + 0{,}191\,\frac{1}{Z^3}\left(\frac{pb}{RT}\right)^3 + \ldots\right]$$

$$\frac{\Delta\Phi}{\Phi} = \left(2 - \frac{1}{Z}\right)\Delta Z - 1{,}875 \cdot \frac{1}{Z^2}\left(\frac{pb}{RT}\right)^2 \frac{\Delta\sigma}{\sigma} - 1{,}721\,\frac{1}{Z^3}\left(\frac{pb}{RT}\right)^3 \frac{\Delta\sigma}{\sigma} + \ldots$$

Источники и оценка погрешностей масс-спектрометрического изотопного анализа водорода в природных водах

И. З. Коростышевский, Ю. Н. Демихов, Ф. И. Березовский
(Сектор металлогении Института геохимии и физики минералов АН УССР)[1]

Теоретически и экспериментально показана возможность устранения систематических ошибок, обусловленных наличием ионов H_3^+ и адсорбированной реактивами влаги. Предложены пути уменьшения доли ионов H_3^+ и количества примесной влаги, что позволило снизить величину случайных ошибок. Достигнут доверительный интервал единичного измерения $\pm 6‰$. На масс-спектрометре МИ-1305 получена величина $\alpha/R_0 = 0{,}024 \cdot 10^9$ I/A.

Keywords

errors; hydrogen; isotope ratio; mass spectroscopy; stable isotopes; water

Погрешности, осложняющие получение точных сведений о природных вариациях изотопного состава водорода, мы условно подразделяем на три группы:

1. погрешности собственно масс-спектрометрических измерений;

2. погрешности, возникающие в системе ввода образца в прибор;

3. погрешности, обусловленные применяемой методикой выделения водорода из воды.

Как известно [1], масс-спектрометрическое определение изотопного состава водорода осложняется существованием ионномолекулярной реакции

$$H_2^+ + H_2 \rightarrow H_3^+ + H \tag{1}$$

Возникающие в результате этой реакции ионы H_3^+ в масс-спектрометрах средней дисперсии не могут быть отделены от ионов HD^+ и поэтому регистрируемое отношение ионных токов может быть представлено в виде

$$R = \frac{I_3}{I_2} = \frac{I(HD^+) + I(H_3^+)}{I(H_2^+)} = R_0 + \frac{I(H_3^+)}{I(H_2^+)} \tag{2}$$

где I_2 и I_3 — токи ионов соответственно 2 и 3 а.е.м.;

$I(H_2^+)$, $I(HD^+)$, $I(H_3^+)$ — соответственно токи ионов H_2^+, HD^+, H_3^+;

$R_0 = I(HD^+)/I(H_2^+)$ — истинное отношение D/H в анализируемом образце.

Поскольку I_2 пропорционален давлению водорода в области ионизации, а ионный ток $I(H_3^+)$, как следует из (1), пропорционален второй степени давления, то

$$I(H_3^+) = \alpha I_2^2 \tag{3}$$

где α-коэффициент, зависящий от светосилы источника ионов.

С учетом этой зависимости соотношение (2) принимает вид

$$R = R_0 + \alpha I_2 \tag{4}$$

Сведения об изотопном составе исследуемого образца получают методом сравнения с составом стандартного образца, при этом результатом измерения является величина

$$\delta D_{изм} = \frac{R_{обр} - R_{ст}}{R_{ст}} \tag{5}$$

где $R_{обр}$ и $R_{ст}$ — измеренные отношения I_3/I_2 соответственно образца и стандарта.

С учетом (4)

$$\delta D_{изм} = \frac{1}{1 + \frac{\alpha}{R_{0.ст}} I_{2.ст}} \times \left(\frac{R_{0.обр} - R_{0.ст}}{R_{0.ст}} \pm \frac{\alpha}{R_{0.ст}} \Delta I_2\right) \tag{6}$$

где $\Delta I_2 = I_{2.обр} - I_{2.ст}$ — разность интенсивностей ионных токов 2 а.е.м. образца и стандарта.

Выражение $\frac{R_{0.обр} - R_{0.ст}}{R_{0.ст}}$ в (6) является значением отклонения изотопного состава образца от стандарта, подлежащим определению и обозначаемым в дальнейшем δD_0:

$$\delta D_0 = \delta D_{изм}\left(1 + \frac{\alpha}{R_{0.ст}} I_{2.ст}\right) \pm \frac{\alpha}{R_{0.ст}} \Delta I_2 \tag{7}$$

Первый член в этом выражении учитывает систематическую ошибку, обусловленную наличием ионов H_3^+. Поправочный коэффициент $1 + \frac{\alpha}{R_{2.ст}} I_{2.ст}$ позволяет устранить эту ошибку и определять истинную величину вариаций изотопного состава водорода при любой интенсивности ионных токов по формуле:

$$\delta D_0 = \delta D_{исм}\left(1 + \frac{\alpha}{R_{0.ст}} I_{2.ст}\right) \tag{8}$$

Аналогией введения этого коэффициента является учет влияния изотопа ^{17}O при определении $\delta^{13}C$ в CO_2 или ^{18}O при определении $\delta^{34}S$ в SO_2, с той лишь разницей, что необходимо еще учитывать и абсолютное значение ионного тока более распространенного изотопа.

В работе [2] предлагают проводить измерения при малых интенсивностях тока I_2 и отказаться от учета

[1] Адрес: Tr. Palladina 34, Kiew

ошибки, вносимой ионами H_3^+. Однако такой путь, из-за неблагоприятного природного соотношения H и D, приводит к возрастанию аппаратурных погрешностей в измерении ионного тока малораспространенного изотопа, а, следовательно, и к увеличению общей ошибки измерений.

Второй член выражения (7) $\frac{\alpha}{R_{0.\text{ст}}}\,\Delta I_2$ представляет собой случайную ошибку, обусловленную различной степенью неуравненности интенсивностей ионных токов образца и стандарта в присутствии ионов H_3^+. Ошибка эта не зависит от абсолютного значения токов и может быть уменьшена, либо повышением требований к степени уравнивания интенсивностей, либо, при снижении этих требований, уменьшением коэффициента α.

Выпускаемые в настоящее время промышленные масс-спектрометры средней дисперсии, обеспечивая проведение широкого круга масс-спектрометрических исследований, характеризуются недопустимо большим значением коэффициента α, что делает их непригодными для изучения вариаций изотопного состава водорода. Второй причиной, препятствующей их использованию для этой цели, является невозможность одновременной регистрации ионных токов 2 и 3 а.е.м.

Поэтому актуальной остается задача создания прибора с необходимыми техническими характеристиками. Наименее трудоемкой в лабораторных условиях нам представляется реконструкция для этой цели широко распространенного в свое время промышленного масс-спектрометра МИ-1305. Из накопленного опыта его модернизации: использование выносного коллектора для регистрации ионного тока 2 а.е.м. [3], применение пульсирующего ускоряющего напряжения для попеременной регистрации ионных токов 2 и 3 а.е.м. на разных коллекторах [4], мы пошли по пути замены камеры масс-анализатора на разъемную, с расширенной коллекторной частью и создания приемника ионов достаточно простой конструкции [5].

Изменения, внесенные в конструкцию источника ионов, с целью повышения его светосилы, коснулись только размеров щелей, которые были расширены: выходная —до 0,65 *мм*, в блоке фокусирующих линз —до 1 *мм*, выходная в ионизационной коробочке —до 2 *мм* и отверстия для ввода ионизирующих электронов до размеров 3×4 *мм*. Этих изменений оказалось достаточно для снижения величины α до приемлемых значений.

В качестве дополнительной меры по борьбе с ионами H_3^+ в работах [5—7] рекомендуется установка в ионизационную коробочку, так называемого, ,,выталкивающего" электрода с подачей на него напряжения, регулируемого в пределах $(-10) \div (+20)$ *В*. В условиях наших экспериментов в области напряжений $(-20) \div (+20)$ *В* наблюдалось три максимума ионного тока, при (—19), О и (+18) *В*, в то время как отношение I_3/I_2 при всех значениях этого напряжения оставалось постоянным. Аналогичная зависимость получена и в работе [7], с той лишь разницей, что максимальная светосила источника отмечена при потенциале +5 *В*. Эти данные свидетельствуют, что ,,выталкивающий" электрод, тем более при отрицательном потенциале на нем, не является элементом, способствующим ускорению эвакуации ионов H_3^+ из ионизационной коробочки и тем самым уменьшению образования ионов H_3^+. Его влияние следует рассматривать как дополнительную более точную юстировку источника в случае, когда этого не удалось добиться остальными регулировками. Поскольку в нашем источнике такой необходимости не возникло, то мы сочли возможным отказаться от установки этого электрода. Попутно отметим, что нами используются плоские вольфрамовые катоды при токе эмиссии 3 *мА*. Возможность увеличения светосилы источника за счет применения круглых катодов, предложенная в работе [3], нами не проверялась.

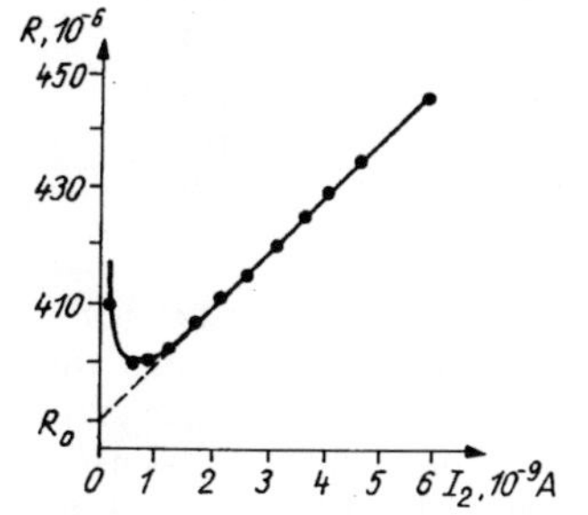

Рис. 1. Экспериментальная зависимость отношения $I(HD^+ + H_3^+)/I(H_2^+)$

Приведенная выше формула (4) позволяет определить величину α, для чего снимается экспериментальная зависимость R от I_2, причем значение R_0 находится экстраполяцией к нулю тока. На рис. 1 приведен график этой зависимости, построенный по экспериментальным точкам методом регрессионного анализа. Наблюдаемое в области малых напусков отклонение этой зависимости от линейной, объясняется влиянием фона прибора (8 *мВ* на сопротивлении 10^{12} *Ом* для ионов 3 а.е.м. и 15 *мВ* на сопротивлении 10^9 *Ом* для ионов 2 а.е.м.). Естественно, эта область ионных токов для измерения δD непригодна. Зависимость снята для стандарта SMOW.

В литературе для характеристики приборов используется отношение $\frac{\alpha}{R_0}$ при $I_2 = 10^{-9}$ *А*. С учетом (2) и (4), легко показать, что

$$\frac{\alpha}{R_0} I_2 = I(H_3^+)/I(HD^+)$$

т.е. $\frac{\alpha}{R_0}$ определяет долю ионов H_3^+ от ионов HD^+, при соответствующем значении тока I_2.

Достигнутое нами значение $\frac{\alpha}{R_0} = 0{,}024\cdot 10^9$ I/A, рассчитанное по данным приведенного графика, показывает, что при токе $I_2 = 10^{-9}$ *А* количество ионов H_3^+ составляет 2,4% от HD^+.

Как свидетельствует наш опыт, величина $\frac{\alpha}{R_0}$ остается неизменной в течение длительного времени. Об отсутствии разъюстировки прибора мы судим по проверяемому ежедневно постоянству интенсивностей ионных токов при строго фиксированном напуске стандартов, хранящихся в баллонах, и сохраняющейся разнице в их изотопном составе. Сравнительные данные по известным нам дейтериевым масс-спектрометрам, приведены в табл. 1.

Повышение чувствительности прибора, достигнутое расширением щелей источника ионов, потребовало

Табл. 1. Доля ионов H_3^+ по отношению к ионам HD^+ при токе $I_2 = 10^{-9}$ A для стандарта SMOW в некоторых масс-спектрометрах

Прибор	$\frac{\alpha}{R_0} I_2$ при $I_2 = 10^{-9}$ A	Ссылка
МИ-1305	0,024	Данная работа
Бесщелевой источник	0,025	[8]
THN-202	0,033	[6]*)
МИ-1305	0,040	[6]*)
М-86	0,043	[6]*)
МИ-1305	0,061	[5]
МХ-1307	0,097	[7]

*) Данные расчитаны по графику

соответствующего расширения входных щелей приемника и применения коллекторов в виде цилиндров фарадея. Это усложнило задачу подавления динатронного эффекта и устранения взаимного влиянии коллекторов. Предложенный в работе [5] приемных ионов оказалось необходимым дополнить следующими элементами: коллектор ионов 3 а.е.м. окружили сплошным заземленным экраном; отверстия в антидинатронном электроде затянули сетками (диаметр проволоки 0,1 *мм*, шаг 1 *мм*); перед входной щелью установили конус, выполняющий функции дополнительной диафрагмы. Эти изменения были вызваны тем, что как показали наши исследования, лишь часть вторичных электронов образуется в области входных щелей и коллекторов. Значительную долю в общем потоке составляют вторичные электроны, возникающие в сплющенной части камеры масс-анализатора, в результате взаимодействия ионного пучка со стенками камеры. Энергия этих электронов столь значительна, что они не задерживаются антидинатронным электродом, даже находящимся под отрицательным потенциалом в 1000 *в*. Интенсивность этой части потока вторичных электронов находится в прямой зависимости от интенсивности основного пучка ионов и состояния поверхности камеры, и, в первом приближении, не зависит от вакуумных условий (дополнительный напуск других газов, помимо водорода, не приводит к увеличению числа вторичных электронов, достигающих коллектора). Устранение этого эффекта потребовало принятия соответствующих мер по очистке поверхности камеры, в частности, с помощью прогрева. Однако ограниченные размеры зазора между полюсами электромагнита, где размещается наиболее нуждающаяся в прогреве часть камеры, не позволяют применить наружный подогрев. Это затруднение легко преодолевается при использовании камеры из нержавеющей стали, которая может прогреваться током, проходящим по самому телу камеры, как это делается в последних моделях промышленных масс-спектрометров. Произведенные доработки снизили интенсивность потока вторичных электронов на коллектор чувствительного усилителя до величины не превышающей 2% от интенсивности ионного пучка 3 а.е.м. Динатронный эффект на коллекторе ионов 2 а.е.м. при этом вообще не обнаруживается.

Рассмотрев выше основные источники ошибок собственно масс-спектрометрических измерений и предлагаемые методы их устранения, остановимся на оценке величин этих ошибок.

Использование для нахождения истинного значения δD_0 формулы (8) устраняет систематическую ошибку, обусловленную существованием ионов H_3^+. Остальные ошибки носят статистический характер и основной причиной их появления, при измерениях методом сравнения образца со стандартом, является неуравненность интенсивностей ионных токов. Прп изучении изотопного состава водорода она проявляется дважды. Во-первых, как источник ошибки пропорциональной относительной неуравненности интенсивностей $\Delta I_2/I_2$. В этом своем качестве она присуща не только измерениям водорода, но и любым измерениям, выполняемым таким методом [9]. Уменьшить ее можно применением стандарта с близким к изучаемому образцу изотопным составом, а избежать- полностью отказавшись от самописца в качестве измерителя раскомпенсации и используя его в качестве нуль-индикатора.

Во втором своем качестве, как это следует из формулы (7) неуравненность интенсивностей приводит к ошибке, пропорциональной абсолютному значению разности ионных токов $\frac{\alpha}{R_0} \Delta I_2$. При этом, она не устраняется измерениями с использованием нуль-индикатора.

Для сокращения времени проведения измерений мы производим уравнивание интенсивностей по стрелочному прибору усилителя ионных токов с точностью $\pm 0{,}1$ *В*, что отвечает $\Delta I_2 = \pm 10^{-10}$ *А* (сопротивление в цепи коллектора ионов 2 а.е.м. 10^9 *Ом*). Соответствующая этой точности уравнивания интенсивностей величина доверительного интервала измерения δD_0, при достигнутом нами значении α/R_0 равном $0{,}024 \cdot 10^9$ I/A, составляет $\pm 0{,}0024$ или $\pm 2{,}4‰$.

Для оценки погрешности собственно масс-спектрометрических измерений мы использовали результаты многократных определений отклонения изотопного состава водорода внутреннего стандарта от SMOW. Водород этих стандартов хранился в баллонах системы напуска масс-спектрометра. Измерения проводились в диапазоне интенсивностей $1{,}8 \div 6\,B$, с пересчетом полученных значений по формуле (8). Обработка этих результатов показала, что среднеквадратичная ошибка единичного измерения не превышает $\pm 1{,}3‰$; соответствующий этой ошибке доверительный интервал, при доверительной вероятности 0,95, равен $\pm 2{,}6‰$ и совпадает с теоретически предсказанной величиной.

В процессе отработки методики напуска, связанной с уравниванием интенсивностей в каналах стандарта и образца, обнаружились источники ошибок, обусловленные большой разницей в массах изучаемых изотопов. Падение давления водорода стандарта в баллоне по мере его использования и различия в количествах водорода в ампулах, достигающие 20%, вызывает необходимость дозирования пробы. Фракционирование газа на малых отверстиях при плавном напуске пробы приводит к недопустимо большим ошибкам, достигающим 100‰. Поэтому приемлемым может быть дозирование пробы только делением ее на порции между вентилями системы напуска. К стати, именно фракционированием объясняются довольно жесткие требования к одинаковости натекателей в каналах стандарта и образца.

Как показали наши исследования, еще одним источником ошибок в напускной системе, на этапе от вскрытия ампулы до заполнения буферного объема, является применение вымораживающих ловушек. Известно, что термодиффузия [10] является одним из наиболее эффективных процессов, приводящих к фракционированию газов. Однако, ни в одной из известных нам работ не производится оценка ошибки, вносимой вымораживанием. Было установлено, что прошедшая через ловушку проба оказывается облегченной, что совпадает с теоретическими представлениями, так как возле холодной поверхности концентрируются и задерживаются более тяжелые ионы. Так дозирование пробы из объема, содержащего ловушку с жидким азотом, приводит к ее облегчению на $40 \div 50‰$.

Но даже если после дозирования анализируемый водород только пропускается через ловушку, величина ошибки остается существенной, порядка $7 \div 10‰$. Степень облегчения пробы зависит от нескольких, не поддающихся учету факторов: размеров ловушки, ее формы и местоположения в системе напуска, уровня жидкого азота, количества водорода, прошедшего через ловушку и т.д. Поэтому лучшим средством избежать этой ошибки является отказ от применения вымораживающих ловушек в системе напуска. Устанавливаются они в основном для того, чтобы не допустить попадания в прибор паров воды. Но в ампулах с пробами водорода влаги быть не должно. В противном случае, это свидетельствует о том, что реакция разложения воды не прошла до конца, и поэтому результат измерений не отвечает истинному изотопному составу водорода в воде. Наши наблюдения показали, что отсутствие вымораживающих ловушек не влечет за собой никаких неблагоприятных последствий: фон воды в приборе после 10—12 измерений увеличивался не более чем на 20%, а после часового прогрева снижался до первоначального уровня.

Использование известной методики разложения воды на цинке [11, 12], приводило к ошибкам, на порядок превышающим масс-спектрометрическую. Изучение причин появления этих ошибок показало, что основной из них является примесь атмосферной влаги, адсорбированной реактивами. С целью сокращения до минимума времени контакта реактивов с атмосферой в методику был внесен ряд изменений. Разложение воды осуществляли на чистом цинке без рекомендованной [11, 12] добавки бромистого свинца. Отказ от использования бромистого свинца не изменил ни выход водорода в ампулах, ни его изотопный состав. Вымытая и высушенная ампула, заполнялась цинковой пылью и через резиновое уплотнение присоединялась к форвакуумному насосу и на нее надевалась печь, в которой поддерживалась температура 400 °C. При достижении вакуума в системе 2,8 *Па* печь снималась. Остывшая ампула отсоединилась, в нее помещался капиляр с пробой воды и она сразу же вновь присоединялась к вакуумной системе. Замороженная жидким азотом ампула откачивалась до 2,8 *Па* и отпаивалась. Затем группы ампул помещались в печь и, по достижении температуры 390—400 °C, выдерживались в течение часа. Использовался капилляр с внутренним диаметром 0,8 *мм*, который резался на отрезки длиной 11 *мм*. Объем воды в таком капилляре отвечает навеске порядка 5,5 *мг*. Время необходимое для приготовления одной ампулы составляет 20—25 *мин*, а операция по закладке капилляра с водой — $20 \div 30$ *с*. Такая методика позволяет не только снизить добавку примесной влаги, но и уменьшить ее разброс между ампулами. Количество водорода, выделившегося в „пустой" ампуле, прошедшей весь процесс приготовления с закладкой в нее сухого капилляра, составляет в среднем $3 \div 4\%$ от количества водорода в ампуле с пробой воды и характеризует долю примесной воды. Поэтому, хотя количество водорода, выделяющегося из навески воды 5,5 *мг* превышает необходимое для одного анализа в 6—8 раз, уменьшать навеску нецелесообразно. Отметим, что замена цинковой пыли стружкой приводила к увеличению доли примесной воды. Изотопный состав примесной воды в наших экспериментах лежал в пределах $(-130) \div (-170)‰$ относительно SMOW. Зависимости измеряемого значения изотопного состава анализируемой воды от колебания ее навески на $\pm 20\%$, поддержания температуры разложения от 380 до 400 °C и времени прогрева в пределах 1—2 часов на фоне ошибки от примесной воды, нам обнаружить не удалось.

Оценим величину ошибки обусловленной наличием примесной воды

$$\delta D_0 = \frac{R_{обр} - R_{ст}}{R_{ст}} = \frac{(1-c)\,R_{0.обр} + cR_{пр} - (1-c)\,R_{0.ст} - cR_{пр}}{(1-c)\,R_{0.ст} - cR_{пр}} = \frac{R_{0.обр} - R_{0.ст}}{R_{0.ст}\left(1 + \dfrac{c}{1-c}\dfrac{R_{пр}}{R_{0.ст}}\right)} \qquad (10)$$

где $R_{0.обр}$, $R_{0.ст}$ — изотопный состав водорода смеси вод образца и примеси, стандарта и примеси;

$R_{0.обр}$, $R_{0.ст}$, $R_{пр}$ — истинный изотопный состав водорода, соответственно, образца, стандарта и примеси;

c — доля примесной воды.

Из (10), получаем

$$\delta D_{ист} = \delta D_0 \left(1 + \frac{c}{1-c}\frac{R_{пр}}{R_{0.ст}}\right) \qquad (11)$$

Как это следует из [11], величину поправочного коэффициента $K = 1 + \dfrac{c}{1-c}\dfrac{R_{пр}}{R_{0.ст}}$ можно уменьшить только снижением доли примесной воды, что одновременно уменьшает влияние колебаний ее изотопного состава и количества. Внесение этой поправки становится особенно необходимым при измерении изотопного состава водорода из воды, сильно отличающейся от SMOW, а также в случае, когда количество анализируемой воды ограничено и поэтому относительная доля примесной воды существенно возрастает.

Легко показать, повторяя совместно рассуждения, использованные при выводе формул (8) и (11), что окончательное выражение для нахождения истинного значения вариации изотопного состава водорода с учетом масс-спектрометрической и химической ошибок имеет вид:

$$\delta D_{ист} = K\left(1 + \frac{\alpha}{R_0} I_{2.ст}\right)\delta D_{изм} \qquad (12)$$

Коэффициент K может быть найден, как указывалось выше, при измерении относительного количества водорода в „пустых" ампулах; однако, для повышения

Табл. 2. Результаты измерения отклонения изотопного состава водорода стандарта SLAP от SMOW

Измеренное отклонение $\delta D_{изм}$ ‰	Интенсивность I_2, B	$1 + \frac{\alpha}{R_0} I_2$	$\delta D_0 = \left(1 + \frac{\alpha}{R_0} I_2\right) \delta D_{изм}$ ‰	$\delta D_{ист} = K\, \delta D_0$ ‰	Среднеквадратичная ошибка единичного измерения ‰	Доверительный интервал единичного измерения ‰
—392	2,30	1,055	—414	—429		
—391	2,30	1,055	—413	—428		
—387	2,25	1,054	—408	—423		
—397	1,90	1,046	—415	—430		
—395	1,80	1,043	—412	—427		
—387	2,05	1,049	—406	—420		
—394	1,90	1,046	—413	—428		
—395	1,80	1,043	—412	—427	±3,05	±6,1
—396	1,85	1,044	—413	—428		
—387	3,00	1,072	—415	—430		
—386	3,00	1,072	—414	—429		
—390	2,95	1,071	—418	—433		
—388	2,90	1,070	—415	—430		
—386	2,90	1,070	—413	—428		
—387	2,85	1,068	—413	—428		
Среднее значение			—413	—428		

*) Среднее значение коэффициента K, вычисленное по формуле $\delta D(SLAP)_{ист}/\delta D(SLAP)_{изм} = 1{,}036$, при $\delta D(SLAP)_{ист} = -428$ ‰ величине рекомендованной МАГАТЭ [13]

точности мы рекомендуем определять его по результатам измерения стандарта с известным и, по возможности, сильно отличным от SMOW изотопным составом, как отношение

$$K = \delta D(SLAP)_{изт} \Big/ \left(1 + \frac{\alpha}{R_0} I_2\right) \delta D(SLAP)_{изм} \qquad (13)$$

где $\delta D(SLAP)_{ист}$ и $\delta D(SLAP)_{изм}$

— соответственно, истинное и измеренное отклонение изотопного состава водорода стандарта SLAP относительно SMOW.

Кстати, определение коэффициента K по формуле (13) позволяет одновременно учесть ошибку, обусловленную не полным подавлением динатронного эффекта.

Применение соотношения (12) позволяет проводить измерения при любой интенсивности тока I_2, что значительно упрощает процесс измерений по сравнению с предлагаемым определением $\delta D_{ист}$ по интерполяционной формуле

$$\delta D_{ист} = \frac{R(обр) - R(SMOW)}{R(SMOW)} \times \frac{R(SLAP) - R(SMOW)}{\delta D(SLAP) \cdot R(SNMOW)} \qquad (14)$$

предложенной МАГАТЭ [13], и по калибровочному графику [7], эквивалентному формуле (14), которые требуют работы при одной строго постоянной интенсивности ионных токов.

Общая ошибка определения изотопного состава водорода, включающая ошибку в приготовлении проб и различия интенсивностей в каналах образца и стандарта, была определена измерением проб стандарта SLAP относительно стандарта SMOW.

Результаты измерений приведены в табл. 2.

Обработка полученных значений методом регрессионного анализа показывает, что доверительный интервал определения вариаций по двум параллельным измерениям при доверительной вероятности 0,95 составляет ±4‰. Измерение двух ампул осуществляется с целью избежать возможных промахов. При этом среднее из двух значений вычисляется при условии, что отличаются они друг от друга не более чем на 12‰.

Поскольку среднеквадратичная ошибка масс-спектрометрического определения равная $S_{мс} = 1{,}3$‰, составляет только пятую часть общей среднеквадратичной ошибки $S_{общ} = 3{,}05$‰ (табл. 2)

$$\frac{S^2_{мс}}{S^2_{общ}} \cdot 100\% = \frac{1{,}3^2}{3{,}05^2} \cdot 100\% \cong 19\%$$

то выбранная нами точность уравнивания интенсивностей ±100 *мВ* вполне приемлема; определяющей остается ошибка в приготовлении пробы.

Выводы

1. Изменение только размеров щелей в источнике ионов серийного масс-спектрометра МИ-1305 и тщательная его юстировка позволяют снизить коэффициент $\frac{\alpha}{R_0}$, характеризующий долю ионов H_3^+ в спектре, до величины $0{,}024 \cdot 10^9$ I/A, отвечающей лучшим образцам специальных дейтериевых приборов.
2. Измерение вариаций изотопного состава можно проводить при любой интенсивности, с последую-

щим пересчетом по формуле

$$\delta D_{\text{ист}} = K \cdot \left(1 + \frac{\alpha}{R_0} I_2\right) \delta D_{\text{изм}}$$

3. Уравнивание интенсивностей в каналах образца и стандарта визуально, по показаниям вольтметра усилителя ионных токов, с точностью ± 100 *мВ* при $\frac{\alpha}{R_0} = 0{,}024 \cdot 10^{-9}$ I/A приводит к ошибке не превышающей $\pm 2{,}5\,^0/_{00}$.
4. Основная случайная ошибка в определении вариаций изотопного состава водорода при использовании методики разложения воды на цинке, обусловлена различной степенью насыщения цинковой пыли атмосферной влагой. Предложенные изменения в методике позволяют снизить доверительный интервал единичного измерения до величины $\pm 6\,^0/_{00}$.
5. Наличие в напускной системе вымораживающих ловушек может приводить к значительным ошибкам в определении изотопного состава.

Поступила в редакцию 3/XII, 1980 г.

Литература

[1] *И. Киршенбаум*, „Тяжелая вода", 1953, „Иностранная литература"

[2] *В. Е. Ветштейн* и др., ДАН УССР, сер. Б, 1971, № 3, 198

[3] *А. В. Якубовский, В. А. Поляков, И. В. Исаев*, Тезисы докладов на 2-ом симпозиуме по применению стабильных изотопов в геохимии. М., 1968, 12

[4] *Л. Матум, И. Опауски*, ПТЭ, 1970, № 5, 241

[5] *И. В. Абашидзе* и др., ПТЭ, 1971, № 2, 182

[6] *В. И. Ферронский*, „Природные изотопы гидросферы", 1975, 216, „Недра"

[7] *А. Д. Есиков* и др., Методические указания по прецизионному масс-спектрометрическому методу определения изотопного состава водорода и углерода., 1975, 96, изд-во ВИНИЯГГ.

[8] *F. Bigl*, Isotopenpraxis 4 (1968) 104

[9] *В. И. Устинов, В. А. Гриненко*, Прецизионный масс-спектрометрический метод определения изотопного состава серы., 1965, 54, „Наука"

[10] *К. Джонс, В. Ферри*, Разделение изотопов методом термодиффузии., 1947, 36, „Иностранная литература"

[11] *W. Rolle, F. Bigl, G. Haase, A. Runge, H. Hübner*, Isotopenpraxis 5 (1969) 35

[12] *В. Е. Ветштейн, А. Г. Мирошниченко, В. Г. Артемчук*, ДАН УССР, сер. Б, 1972, № 7, 632

[13] *R. Gonfiantini*, Nature 1978, N 5645, 534

The Emission Spectroscopy Determination of ^{15}N in Ammonia and Amino Acids Extracted from Biological Material

O. I. Pisarenko, I. M. Studneva, V. E. Ivanov

(All-Union Cardiology Research Center, AMS, Moscow)[1]

A method is described of the sample preparation for the emission spectroscopy determination of ^{15}N in ammonia, glutamic acid, aspartic acid, leucine and alanine. It consists in the chromatographic separation of ammonia and amino acids from the components of biological material on ion-exchange resin, the release of ammonia from amino acids with ninhydrin reaction, the microdiffuse extraction of ammonia from Li-citrate buffers and the following extraction of ammonia from Li-citrate buffers and the following catalytic conversion to nitrogen in vacuum by means of ampoule technique. The method makes it possible to extract isotopically pure ammonia and amino acids from mixtures of ^{15}N-amino acids and ^{15}N-urea ($C_{^{15}N} \leq 50$ at.%). The optimal concentration of ammonia and amino acids in the samples is 40 μg of N.

Keywords

amino acids; emission spectroscopy; biological materials; isotope ratio; nitrogen 15; sample preparation

In biochemical research using ^{15}N-labelled substances there appears the necessity to registrate isotopic composition of α-amino acids, free ammonia as well as amide nitrogen of glutamine usually studied in ammonia form. In recent years a number of methods of ^{15}N-ammonia isolation from biological compounds and model systems were proposed [1—4]. Unfortunately, the usage of these methods encounts many difficulties because of incomplete release of ammonia from nitrogen compounds, partial hydrolysis of amides of amino acids and urea. Meanwhile a slight isotope contamination of ammonia decreases the accuracy of ^{15}N analysis, for its concentration in physiological fluids and tissues in exceedingly low.

Elution of lithium citrate buffers through synthetic ion-exchange resins, is a most widely used technique for amino acid and ammonia separation from biological material [5]. After removing buffer components the recovery of amino nitrogen as ammonia is achieved by the *Kjehldahl* method [2, 6] or by amino acids oxidation to nitrogen in the presence of catalysts [7]. This technique is time-taking and requires special apparatures.

In this paper a sample preparation method for emission spectroscopic analysis of ^{15}N in glutamic, aspartic acids, leucine, glycine and ammonia after ion-exchange column chromatography separation is described. A higher sensitivity and simplicity are the advantages of this method as compared to the above mentioned ones. The method can be used for ^{15}N-ammonia determinations of physiological fluids, protein hydrolysates as well as amino ^{15}N of α-amino acids, digested to ammonia according to the *Kjehldahl* or *Kennedy* method [8] with ^{15}N-Analyzer NOI-5 (Statron, GDR).

[1]) Address: Petroverigsky Lane 10, Moscow 101837, USSR

Materials and Methods

Reagents. L-^{15}N-Amino acids (99 at.%) and urea (96·8 at.%) were obtained from Stohler, USA, and VEB Berlin-Chemie, GRD. Analytical grade *l*-amino acids, ninhydrin, lithium citrate, lithium chloride, hydrochloric acid and sodium acetate were obtained from Merck, FRG. Beckman M-72 resin and Peirce DC-3 resin were used. All the solutions were prepared using ammonia-free water (the deminrolit "Zerolit", G. B.).

Ammonia and amino acids separation. Separation of ninhydrin-positive components has been achieved by using Beckman M-121 amino acid analyzer equipped with a 60 × 1·2 cm column filled with M-72 resin. The resin was packed to a height of 56 cm. Lithium citrate buffers elution was carried out at a flow rate of 112 ml per hour and a pressure of 150 psi. The buffer solutions were previously eluted through a 0·9 cm × 20 cm precolumn packed with DC-3 resin for trapping ammonia contamination. The optimal content of amino acids and ammonia nitrogen eluated was 40 µg. The excess of N (< 60 µg) resulted in the column overload and incomplete separation.

For the ninhydrin reagent preparation 8 g of ninhydrin and 0·4 g of stannous chloride were mixed with 0·75 l of methyl cellosolve and 0·25 l of 4 M sodium acetate, *p*H 5·51. The ninhydrin reagent was used at a flow rate of 56 ml/hour. Buffer and temperature changes (from 40 °C to 65 °C) were performed at 190 min from the beginning of the elution. Fractions of chromatografically pure ^{15}N-amino acids and ^{15}N-ammonia were collected both from photometer outlet (procedure A) and immediately after elution from the column before the formation of coloured ninhydrin complex (procedure B). In both cases the best separated fractions according to the upper parts of the peaks were collected. The loss of amino acids and ammonia thus collected didn't exceed 25% with a minimal risk of contamination by other components.

Release of ammonia from ^{15}N-amino acids. The ninhydrin reaction is most convenient for ammonia release from α-amino acids. To supress the reaction of condensation which prevents ammonia recovery the reaction of amino acids with ninhydrin should be performed at *p*H 2·5. In amino acid analyzer this reaction is usually carried out in sodium acetate buffer at *p*H 5·4. After the formation of the blue pigment diketohydrin dylidinediketohydrindiamine ammonia recovery can be achieved by addition of hydrochloric acid to the eluates. For completing ammonia release the excess of ninhydrin is oxidized by addition of strong hydrogen peroxide.

Procedure A. Appropriate fraction of coloured ^{15}N-aminoacid—ninhydrin complex was evaporated in vacuum to 10 ml at 40 °C. The concentrated solution was transferred a 40 ml conical "Pyrex" flask. Destruction of the complex was achieved by addition of 4·0 ml of 2 N hydrochloric acid, with further 10 min heating in a boiling water bath. Ninhydrin was oxidized by 0;3 ml of 30% hydrogen peroxide with an additional period of 5 min heating at 100 °C. Then the flask was cooled by an ice-cold water mixture. After cooling distillation of ammonia was carried out using microdiffusion procedure [9]. For a faster isolation of ammonia from the solution 6 g of potassium hydroxide were added to the flask. After that it was immediately sealed by rubber cork supperlied with a "Pyrex" rod 4 cm long and 0·2 cm in diameter wetted with 2 N HCl. For sake of more effective wetting the ends of the rods were roughly grinded.

Procedure B. The recovery of amino nitrogen from citric buffers was achieved by ninhydrin reaction. Amino acids fractions were evaporated to 5 ml in vacuum the residue was adjusted to *p*H 2·5 by addition of 2 N HCl and transferred to the "Pyrex" flask. The flask was heated in a boiling water bath for 10 min following the addition of 20 µg ninhydrin. Other working steps of ammonia recovery were carried out as previously described.

Release of ammonia from its fractions. After elution from the column ^{15}N-ammonia fractions were treated according to the procedures A and B.

Sample preparation method for ^{15}N analysis. The "Pyrex" rod with adsorbed NH_4Cl was dried in a warm air stream and placed into the vacuum supplied to NOI-5 ^{15}N-analyzer. After obtaining vacuum of 5×10^{-5} mm Hg the rod was transferred to a discharge ampoule of "Uviol" glass enclosed with 30 mg of a mixture of catalysts CuO:CaO (1:2). The ampoule was unsoldered in vacuum and baked at 550 °C for 3–4 hours. A steady glowing of N_2 molecules was achieved at a pressure of 3–4 mm Hg in the ampoule which corresponded to 20–25 µg of N-NH_4Cl.

Determination of nitrogen isotopic composition of ammonia and amino acids. ^{15}N Determination of the samples was performed using the NOI-5 ^{15}N-analyzer at $\lambda = 2976$, 8 Å [10].

^{15}N concentration was calculated from the ration of *R* measured intensities of $^{15}N^{14}N$ and $^{14}N_2$ isotope components:

$$C^*_{^{15}N} = \frac{100}{2R + 1}$$

where $C^*_{^{15}N}$ — apparent ^{15}N concentration in atomic %, These values were corrected by means of a standard curve. established by measuring $^{15}NH_4Cl$ standard samples. The accuracy of ^{15}N determination was nearly 2·5 rel.%.

Results and Discussion

Separation of components of an artificial ninhydrin-positive compounds mixture containing ^{15}N-labelled ammonia and amino acids is shown in Fig. 1. Elution with 0·3 M Li-citrate buffer *p*H 2·80 at 40 °C provides a clear separation of aspartic acid from serine and threonine, glutamic acid from its amide, glycine from alanine. Separation of leucine from other components of the mixture was carried out with 1·2 M Li-citrate buffer *p*H 4·16 at 65 C°. The absence of other amino acids in the fractions of ammonia, glutamic acid, aspartic acid, glycine and leucine collected before ninhydrin colouring (procedure B) was controlled with a 0·9 cm × 60 cm amino acid analyzer column filled with M-72 resin. The analysis showed no other components in the collected fractions. Since the separation conditions for amino acids and ammonia were identical for both procedures these data also indicated the absence of impurities in the fractions prepared according to procedure A. Thus the method makes it possible to extract ammonia and amino acids chromatographically pure which is a necessary stage of ^{15}N sample preparation.

Then we determined the recovery of ammonia from ^{15}N-amino acids under different treatment conditions after chromatographic separation. With this aim a mixture of *l*-^{15}N-glutamic acid, *l*-^{15}N-aspartic acid, *l*-^{15}N-leucine and ^{15}N-glycine (all substances 99 at.%) was applied to the analyzer column. Each substance content in the mixture was 40 µg of N. After column elution ^{15}N-amino acids preparations were carried out in accordance with procedures A and B. The quantity of NH_4Cl adsorbed on the

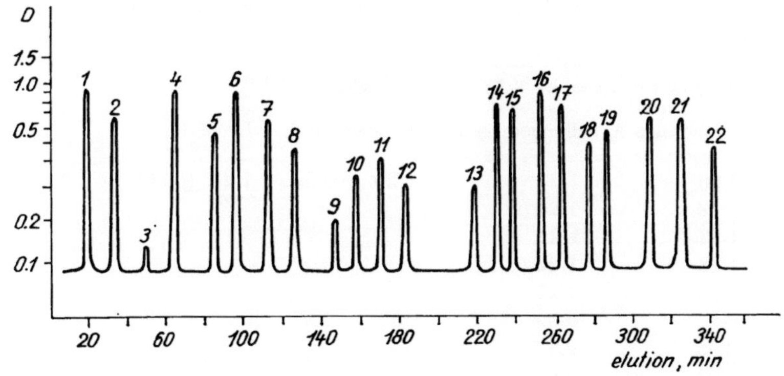

Fig. 1. Chromatografic separation of an artificial ninhydrin-positive compounds mixture containing ^{15}N-amino acids and ^{15}N-ammonia

1 – cisteic acid; 2 – taurine; 3 – urea; 4 – ^{15}N-aspartic acid; 5 – threonine; 6 – serine; 7 – ^{15}N-glutamic acid; 8 – glutamine; 9 – proline; 10 – ^{15}N-glycine; 11 – alanine; 12 – γ-aminobutiric acid; 13 – valine; 14 – cisteine; 15 – methionine; 16 – isoleucine; 17 – ^{15}N-leucine; 18 – tyrosine; 19 – phenylalalanine; 20 – ^{15}N-ammonia; 21 – ornithine; 22 – lysine

The mixture was applied to a 0·9 × 60 cm column filled with M-72 resin (Beckman). Urea content in the mixture corresponds to 400 µg of N, content in other components – to 40 µg of N.

Elution was carried out with Li-citrate buffers, at a flow rate of 112 ml/h: 0·3 M *p*H 2·80 at 40 °C and 1·2 M *p*H 4·16 at 65 °C. Buffer and temperature were changed at 190 min.

Tab. 1. Ammonia recovery from amino acids after their different ninhydrin treatment

^{15}N-Amino acid	NH_3, % of total content in amino acid*)	
	Procedure A (acetate buffer *p*H 5·40)	Procedure B (citrate buffer *p*H 2·40)
L-Leucine	74 ± 6	80 ± 4
L-Aspartic acid	75 ± 4	75 ± 5
L-Glutamic acid	85 ± 5	76 ± 4
Glycine	75 ± 5	80 ± 5

*) – Values present as mean ± SEM

"Pyrex" rods was determined by means of amino acid analyzer.

The data presented in Tab. 1 demonstrate that under different conditions of ammonia extraction from amino acids its recovery was nearly 80%. Preliminary experiments have shown that after ammonia diffusion from citrate buffers 80% of its amount contained in the solution is sorbed on the rod. The rest of ammonia is condensed on the flask walls and cork together with water vapour. Therefore one can believe that ammonia completely emits from the ^{15}N-amino acid-ninhydrin complex during its destruction by 4 ml of 2 N HCl (procedure A) or from ^{15}N-amino acids after 20 mg ninhydrin treatment in citrate buffer *p*H 2·4 (procedure B). Addition of 0·3 ml of 30% hydrogen peroxide to the substances is sufficient for total ninhydrin oxidation to prevent binding of the ammonia forming.

^{15}N determination accuracy of both sample preparation methode was estimated in series of repeated experiments. This aim in view, a mixture of ninhydrin-positive substances (Fig. 1), containing 40 µg of N of *l*-^{15}N-glutamic acid, *l*-^{15}N-aspartic acid, ^{15}N-glycine, *l*-^{15}N-leucine and ^{15}N-ammonia was applied to the column of amino acid analyzer (Tab. 2). After elution from the column ^{15}N-amino acids and ^{15}N-ammonia were treated according to the procedures A and B. ^{15}N content in the samples of nitrogen produced by both methods corresponded to the initial ^{15}N concentration in these compounds with the precision not exceding the accuracy of determinations (±0·02 at.%). Instability of glutamine during chromatography at an elevated temperature (50 °C)—its cyclization into pyrrolydon-2-carboxylate [11] followed by ammonia release had no effect on ammonia formation in these experiments. It is indicated by the absence of isotope dilution of ^{15}N-ammonia and the elevation of ammonia content in the fractions collected.

The data of Tab. 2 show the possibility of applying both sample preparation methods for ^{15}N determinations in ammonia and amino acids separated by means of ion-exchange chromatography. It should be noted that the use of procedure A is preferable since it allows one to check the quality of chromatografic separation with a recorder. The use of optical spectroscopy ^{15}N determinations permits us to avoide the problem of methyl cellosolve removal which usually complicates the preparation of mass spectroscopy samples [8].

To estimate contamination of ammonia with ^{15}N of amino acids and urea during their chromatografic separation mixtures of 40 µg of N-NH_4Cl and excess of ^{15}N-labelled substance were applied to the column (Tab. 3). Further preparation was fulfilled according to procedure A. The results of the isotope analysis shows that when ammonia is extracted from mixtures containing *l*-^{15}N-leucine (99·0 at.%), *l*-^{15}N-valine (49·5 at.%), *l*-^{15}N-glutamic acid (49·5 at.%), *l*-^{15}N-aspartic acid (48·5 at.%), ^{15}N-glycine (47.9 at.%), ^{15}N-urea (49·5 at.%) it is practically not contaminated with ^{15}N.

Separation of *l*-glutamine-CO-$^{15}NH_2$ (19·2 and 48·0 at.%) and *l*-asparagine-CO-$^{15}NH_2$ (47·25 and 18·90 at.%) with 40 µg of N-NH_4Cl leads to contamination of ammonia fraction with ^{15}N. This effect can be mainly conditioned by isotope exchange and not by destruction of amino acids, for no increase in ammonia concentration in the collected fraction was observed (Tab. 3). The assumption well agrees with the results, presented in the work of [12], who has observed that isotope exchange between amino acids and ^{15}N-ammonia is accelerated along with the increase in electron-seeking activity of a carbon atom bound to an amino group, and in case of amides of amino acids goes on at a considerable rate. Under the conditions of rapid elution of glutamine and asparagine in the column of analyzer ammonia contamination owing to isotope ex-

Tab. 2. Accuracy of ^{15}N determinations in amino acids and ammonia standards under different methods of sample preparation

Reference ^{15}N-standard	$C_{^{15}N}$ in ^{15}N standard, at.%	$C_{^{15}N}$ in a sample, at %*)		⟨$C_{^{15}N}$⟩, at.%**)	
		Procedure A	Procedure B	Procedure A	Procedure B
L-Leucine	1·22	1·20	1·23	1·20 ± 0·02	1·23 ± 0·02
		1·18	1·24		
		1·22	1·22		
		1·18	1·22		
		1·20	1·25		
L-Aspartic acid	0·99	0·97	0·99	1·00 ± 0·03	0·99 ± 0·02
		0·98	0.97		
		1·03	0·98		
		1·01	0·99		
		1·02	0·99		
L-Glytamic acid	1·21	1·20	1·21	1·22 ± 0·02	1·21 ± 0·01
		1·24	1·22		
		1·23	1·22		
		1·24	1·20		
		1·23	1·21		
		1·21	1·20		
Glycine	1·17	1·16		1·16 ± 0·04	–
		1·15			
		1·19			
		1·12	—		
		1·19			
		1·19			
NH_4Cl	1·01	0·98	1·00	0·99 ± 0·01	1·02 ± 0·02
		0·97	1·02		
		1·02	1·01		
		1·00	1·00		
		0·99	1·05		

*) – Mean – SEM of 6 subsequent registogrammes of isotpe structure
**) – Mean ± SEM obtained during duplicate ^{15}N determinations

Tab. 3. Ammonia fraction contamination with ^{15}N during chromatografic separation of mixtures containing 40 μg of N-NH_4Cl, ^{15}N-amino acids and ^{15}N-urea.

^{15}N-Compounds applied to column: Names	$C_{^{15}N}$, at.%	μg N	$C_{^{15}N}$ in ammonia fraction, at.% excess*)	Ammonia recovery, % **)
L-Leucine	99·00	100	0·03 ± 0·01	97·5 ± 3·5
L-Valine	49·50	100	0·01 ± 0·01	96·6 ± 4·0
L-Glutamic acid	49·50	100	0·00 ± 0·02	101·5 ± 3·2
L-Aspartic acid	49·50	100	0·00 ± 0·01	99·2 ± 2·8
Glycine	47·90	100	0·02 ± 0·01	99·5 ± 3·1
Urea	48·40	200	0·02 ± 0·02	97·6 ± 2·6
L-Glutamine	19·20	100	0·09 ± 0·01	102.2 ± 2·5
	48·00	100	0·17 ± 0·01	97·4 ± 2·4
Glycine	47·90	100	0·03 ± 0·02	99·4 ± 2·8
L-Valine	49·50	100		
L-Leucine	49·50	100		
L-Glutamic acid	49·50	100		
L-Aspartic acid	49·50	100		
L-Glutamine	4·80	100		
Urea	48·80	100		

*) – Mean ± SEM; $n = 4$

change during chromatography is perceptible only in case of considerable concentration of ^{15}N in their amide groups. The ^{15}N concentration decreased to 4·80 and 4·72 at.% respectively, ammonia was extracted from mixtures containing these substances with an unchanged isotope composition (Tab. 3). In a separate series of experiments separation of $^{15}NH_4Cl$ (1·01 at.%) from glutamine and asparagine was carried out. In this case no enrichment of ammonia with ^{15}N occurred.

Thus the method described makes it possible to extract ammonia and amino acids free from contamination with ^{15}N from a mixture of ^{15}N-amino acids and ^{15}N-urea ($C_{^{15}N} \leq 50$ at.%). This gives an opportunity to use these substances in ^{15}N study of ammonia metabolism in biochemical and medical research.

Acknowledgements

The authors would sincerely thank Dr. *N. P. Lvov* for his quidance to this work and preparation of this report.

Received January 28, 1981

References

[1] *P. Fürst, A. Jonsson,* Acta Chem. Scand. 25 (1971) 930
[2] *T. P. Stein, M. J. Leskiw, H. W. Wallace,* J. Surg. Res. 21 (1976) 17

[3] *R. P. Wilson, R. A. Bloomfield*, Anal. Biochem. **43** (1971) 1
[4] *О. П. Писаренко, Е. Б. Минковский, И. М. Студнева* и др., Вопр. мед. хим. **25** (1979) 782
[5] *T. Devenyi, J. Gergely*, "Amino acids, peptides and proteines", Elsevier Scientific Publishing Company, Amsterdam-London-New York 1974
[6] *E. B. Chain, M. Chizzotto, F. Pocchiari* et al., Proc. Roy. Soc. Lond. B **152** (1960) 290
[7] *V. N. Smirnov, G. B. Asafov, N. M. Cherpachenko* et al., Circ. Res. **35** (1974) N3 Sup. III 58 – 69.
[8] *I. R. Kennedy*, Anal. Biochem. **11** (1965) 105
[9] *Н. П. Львов, В. Л. Кретович*, в кн. „Методы современной биохимии“, Москва 1971, 121 – 123
[10] *G. Meier, G. Müller*, Isotopenpraxis **1** (1965) 53
[11] *K. S. Blanshard, H. F. Bradford, P. R. Dodd* et al., Anal. Biochem. **67** (1975) 233
[12] *Л. Л. Гордиенко*, „Изотопный обмен азота между аминосоединениями и аммиаком, меченным ^{15}N“, автореф. канд. дисс., Киев 1961

Modellmäßige Berechnung des Präzisionsprofils von Radioimmunoassays als Grundlage für die Ansatzoptimierung

D. Sarrach, H. Schmidt, H. Waldner

(Zentralinstitut für Isotopen- und Strahlenforschung der AdW der DDR, Bereich Strahlenquellen und Nuklearpharmaka, Berlin-Buch) [1]

Unter Verwendung des Einbindungsstellen-Massenwirkungsmodells wird ein Gleichungssystem für das Präzisionsprofil von Radioimmunoassays abgeleitet. Es berücksichtigt neben dem statistisch bedingten Zählfehler experimentelle Fehler der Indikator-, Standardhormon- und Antikörperdosierung sowie die Varianz der unspezifischen Bindung. Das Präzisionsprofil kann damit in Abhängigkeit von Indikator- und Antikörperkonzentration als Grundlage für eine Ansatzoptimierung berechnet werden. Ein Fließschema für die Rechnung auf einem programmierbaren Tischrechner wird angegeben und eine Reihe von Resultaten am Beispiel des T3-RIA dargestellt. Die Bearbeitung ist notfalls mit einem wissenschaftlichen Taschenrechner durchführbar.

Keywords

antigen-antibody reactions; computer calculations; errors; optimization; radioimmunoassay; statistical models; thyroid hormones

1. Einleitung

Im Radioimmunoassay (RIA) wird die Bindung der zu bestimmenden Substanz, z. B. eines Hormons, an spezifische Antikörper verfolgt, wobei ein Zusatz der radioaktiv markierten Substanz als Indikator dient. Bei konstanter Indikator- und Antikörperkonzentration ist die Bindungsausbeute eine Funktion der gesuchten Substanzkonzentration [1]. Die Genauigkeit der Bestimmung hängt entscheidend von einer optimalen Ausgangskonzentration der Reaktionspartner ab. Die in der Literatur beschriebenen Methoden der Ansatzoptimierung erfordern entweder den Einsatz größerer Rechenanlagen oder erheblichen experimentellen Aufwand [2]. Unter Benutzung des Einbindungsstellen-Massenwirkungsmodells ist es vereinfachend möglich, das Präzisionsprofil von RIA in einem Gleichungssystem zu beschreiben. Unter Verwendung eines programmierbaren Tischrechners können damit Einflüsse der Assayzusammensetzung und Dosierfehler als Grundlage einer Ansatzoptimierung ermittelt werden. Im Prinzip sind die Rechnungen mit einem wissenschaftlichen Taschenrechner durchführbar.

2. Formulierung des Präzisionsprofils mit der Bindungsausbeute als Variable

Nach *Ekins* ist die Zusammensetzung eines RIA dahingehend zu optimieren, daß die Standardabweichung oder Präzision der Bestimmung $\lambda(h)$ einen zulässigen Wert nicht überschreitet. Die Darstellung der Präzision oder des relativen Fehlers $\lambda(h)/h$ als Funktion der Konzentration der Analysensubstanz h wird als Präzisionsprofil bezeichnet. Sie sollte im interessierenden Konzentrationsbereich ein Minimum aufweisen [3]. Verschiedentlich wurde als günstigster Arbeitsbereich eine Region der Eichkurve $y = F(h)$ mit großem Steigungsfaktor dy/dh angestrebt [4]. Jedoch beeinflußt auch der Fehler Δy, der bei der Ermittlung der Responsevariablen y unvermeidlich auftritt, ebenfalls die Präzision. Nach *Ekins* (siehe Abb. 1) gilt

$$\lambda(h) = \Delta y : \frac{dy}{dh} \quad (1)$$

Die Abhängigkeit des Fehlers Δy von der Substanzkonzentration h ist abhängig von der Wahl der Responsevariablen, wird aber auch bei Verwendung der Bindungsausbeute des Indikators als abhängige Variable nicht konstant. In der Literatur wurden insbesondere empirische Ansätze $\Delta y = a \cdot y$ bzw. $\Delta y = ay + b$ mit der logit-log.-Darstellung

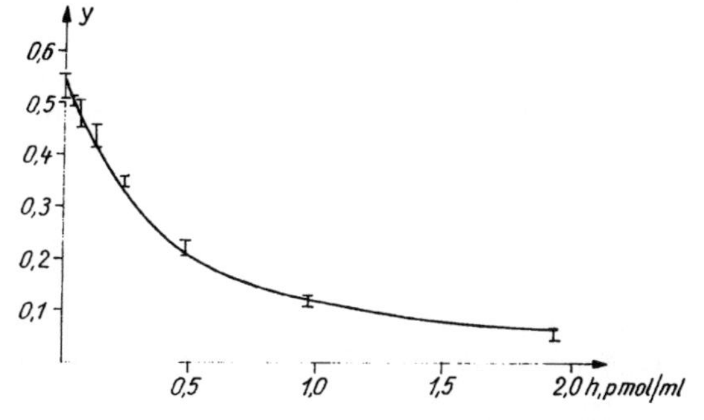

Abb. 1. Eichkurve eines T3-RIA. Meßwerte mit Schwankung Δy
Durchgezogene Kurven berechnet nach Gl. (14), $\lambda(h)$ ergibt sich aus Δy und dem Steigungsfaktor der Eichkurve nach Gl. (1). $K = 10{,}2$ ml/pmol, $q = 0{,}135$ pmol Bindungsstellen/ml, $h^x = 0{,}027$ pmol/ml

[1] Anschrift: DDR-1115 Berlin-Buch, Lindenberger Weg 70

der Eichkurve kombiniert [5]. Die Ermittlung von a und b ist wegen der Fehlerstreuung aufwendig, Gültigkeitsbereich und Einfluß der Assayzusammensetzung bleiben unübersichtlich. Zur Entwicklung des Fehlers Δy als Funktion der Assayparameter beschränken wir uns auf die Wahl der Bindungsausbeute als abhängige Variable y. Ist Z_B die Impulszahl der gebundenen Fraktion und Z_T die Gesamtimpulszahl, so wird

$$y = \frac{Z_B}{Z_T} - u \tag{2}$$

Darin bedeutet u ein Korrekturglied (Blindwert), in das verschiedene Einflüsse eingehen können [6].

Bezeichnet man die Konzentration an der gesuchten Substanz, Indikator und Antikörper mit h, h^x und q, so ist die Eichkurve als eine Funktion von h mit den variierbaren Parametern h^x, q sowie entsprechend Gleichung (2) Z_B, Z_T und u aufzufassen:

$$y = F(h, h^x, q, Z_B, Z_T, u) \tag{3}$$

Sind diese Parameter fehlerbehaftet, so kann der Gesamtfehler Δy nach dem *Gaußschen* Fehlerfortpflanzungsgesetz auf die Standardabweichungen σ_{h^x}, σ_h, σ_q usw. der Parameter zurückgeführt werden. Die benötigten partiellen Ableitungen nach den Parametern mögen als $f_{\text{Parameter}}$:

$$\frac{\partial y}{\partial h} = f_h \qquad \frac{\partial y}{\partial q} = f_q \cdots \tag{3a}$$

abgekürzt werden. Vereinfachend wird angenommen:

a) Fehler des Nulleffekts der Aktivitätsmessung sind zu vernachlässigen.

b) Die Gesamtzählrate Z_T wird als fehlerfrei angenommen.

c) Der Fehler von Z_B läßt sich als statistisch bedingter Zählfehler

$$\sigma_{Z_B} = \sqrt{Z_B} \tag{4}$$

erfassen. Gemäß Definitionsgleichung (2) gilt:

$$Z_B = Z_T(y + u) \tag{2a}$$

$$\sigma_{Z_B} = \sqrt{Z_T(y + u)} \tag{4a}$$

Der Anteil des Zählfehlers an der Schwankung von y wird dann durch ein Glied

$$\Delta_{Y_Z} = \frac{1}{Z_T}\sqrt{Z_T(y + u)} = \sqrt{\frac{y + u}{Z_T}} \tag{5}$$

erfaßt. Die Gesamtzählrate wird durch Indikatorkonzentration, Zählgeometrie und Probenvolumen bedingt. Es wird zur Verallgemeinerung eine spezifische Zählrate α eingeführt, so daß

$$Z_T = \alpha \cdot h^x \tag{6}$$

eingesetzt werden kann. Zählrate und Konzentration können auf beliebige Einheiten bezogen werden, so daß Meßzeit und Probenvolumen implizit mit erfaßt sind. Der Ansatz des Fehlerfortpflanzungsgesetzes lautet damit

$$\Delta_y = \sqrt{f_h^2\sigma_h^2 + f_{h^x}^2\sigma_{h^x}^2 + f_q^2\sigma_q^2 + \sigma_u^2 + \frac{y + u}{\alpha h^*}} \tag{7}$$

Division durch den Steigungsfaktor der Eichkurve ergibt nach *Ekins* die Präzision $\lambda(h)$. Wir ersetzten Gl. (1) durch

$$\lambda(h) = \Delta y : f_h \tag{1a}$$

Ferner kann für einen idealen Indikator angenommen werden

$$f_h = f_{h^x} \tag{8}$$

Damit geht Gl. (7) über in

$$\lambda(h) = \sqrt{\sigma_h^2 + \sigma_{h^x}^2 + \frac{f_q^2}{f_h^2}\sigma_q^2 + \frac{1}{f_h^2}\left(\sigma_u^2 + \frac{y + u}{\alpha h^x}\right)} \tag{9}$$

Im Experiment sind die Standardabweichungen der Parameter h, h^x und q als Dosierfehler aufzufassen. Es erscheint vernünftig, sie proportional einem relativen Pipettierfehler ε anzusetzen:

$$\sigma_h = \varepsilon_h \cdot h; \qquad \sigma_{h^x} = \varepsilon_{h^x} \cdot h^x; \qquad \sigma_q = \varepsilon_q \cdot q \tag{10}$$

Um die partiellen Ableitungen f in Gl. (9) auszudrücken, muß der konkrete Ausdruck der Eichkurve Gl. (3) gewählt werden. *Meinert* und *Mc Hugh* führten das Einbindungsstellen-Massenwirkungsgesetz zur Beschreibung der Antikörperbindung ein [7]. Energetische Abhängigkeit der Bindungsstellen und heterogene Antikörperpopulationen können zu Abweichungen führen, die kompliziertere Bindungsmodelle erfordern [8]. *Malan* hält jedoch das Einbindungsstellen-Modell für hinreichend, um 80% der gebräuchlichen Gleichgewichts-RIA (gleichzeitiger Einsatz von Ligand und Indikator) zu beschreiben [9].

3. Kombination mit dem Einbindungsstellen-Massenwirkungsmodell

Im Einbindungsstellen-Modell reagieren Antikörperbindungsstellen Q und Ligand H zu einem Komplex HQ, bis sich die durch die Gleichgewichtskonstante K bedingten Gleichgewichtskonzentrationen (große Buchstaben) eingestellt haben

$$HQ = K(H)\,(Q) \tag{11}$$

Die Ausgangskonzentrationen (kleine Buchstaben) können durch Massenbilanzgleichungen eingeführt werden, wobei x für die totale Ligandenkonzentration verwendet wurde.

$$\begin{aligned} Q &= q - HQ \\ H &= x - HQ \quad (x = h + h^x) \end{aligned} \tag{12}$$

Die Reaktionsausbeute y stellt den zu Komplex HQ umgesetzten Bruchteil der totalen eingesetzten Ligandenkonzentration x (markiert + inaktiv) dar:

$$y = HQ/x \tag{13}$$

Zusammenfassung ergibt eine quadratische Gleichung in y mit der Lösung

$$y = \frac{1}{2}\left[\left(1 + \frac{q}{x} + \frac{1}{Kx}\right) - \sqrt{\left(1 + \frac{q}{x} + \frac{1}{Kx}\right)^2 - \frac{4q}{x}}\right] \tag{14}$$

Abb. 1 zeigt die gute Übereinstimmung von Meßdaten für den T3-RIA mit der nach (14) berechneten Kurve. Für die Ermittlung von K und q dient die Umformung in

$$y/(1 - y) = K(q - xy) \tag{15}$$

Die Auftragung der linken Seite gegen xy nach *Scatchard* liefert eine Gerade mit dem Steigungsfaktor $-K$. Die Auflösung nach x liefert

$$x = \frac{q}{y} - \frac{1}{K(1 - y)} = h + h^x \tag{16}$$

$$\frac{dx}{dy} = -\left(\frac{q}{y^2} + \frac{1}{K(1 - y)^2}\right) = \frac{\partial h}{\partial y} = \frac{1}{f_h} \tag{17}$$

Für den in Gl. (9) benötigten Quotienten der partiellen Ableitungen ergibt sich

$$f_q/f_h = \frac{1}{y} \tag{18}$$

Durch Substitution von (10), (17) und (18) in (9) erhält man für die Präzision in diesem Modell

$$\lambda(h) = \sqrt{\varepsilon_h^2 \cdot h^2 + \varepsilon_{hx}^2 h^{x^2} + \frac{1}{y^2}\varepsilon_q^2 q^2 + \left(\frac{q}{y^2} + \frac{1}{K(1-y)^2}\right)^2 \left(\sigma^2(u) + \frac{y+u}{\alpha h^x}\right)} \tag{20}$$

wobei

$$y = \frac{1}{2}\left(1 + \frac{q}{h+h^x} + \frac{1}{K(h+h^x)} - \sqrt{\left(1 + \frac{q}{h+h^x} + \frac{1}{K(h+h)}\right)^2 - \frac{4q}{h+h^x}}\right) \tag{14a}$$

an der gewünschten Stelle von h zu berechnen und in den Ausdruck für $\lambda(h)$ einzusetzen ist. Dazu sind K und q aus der *Scatchard*-Auftragung zu entnehmen. Prinzipiell ist die Rechnung mit einem wissenschaftlichen Taschenrechner mit Speicher, Klammer und Registertausch noch nicht zu umfangreich. Sollen jedoch als Grundlage einer Assayoptimierung q und h^x variiert werden, so empfiehlt sich doch die Anwendung eines programmierbaren Rechners. Wir benutzten den programmierbaren Tischrechner WANG 600. Das Programm, dessen Fließschema im Anhang dargestellt ist, weist 199 Programmschritte auf.

4. Diskussion

Abb. 2 zeigt die typischen Kurvenformen des nach Gl. (20) berechneten Präzisionsprofils $\lambda = f(h)$ für einen T3-RIA (Folientest). Die Werte der Kurve (a) wurden mit relativen Dosierfehlern $\varepsilon_h = 0{,}03$; $\varepsilon_{hx} = 0{,}015$ und $\varepsilon_q = 0{,}015$ bei einer unspezifischen Bindung $u = 0{,}081 \pm 0{,}0011$ und $Z_T = 13\,500$ berechnet. Als gestrichelte Kurve ist auch der prozentuale Fehler $100 \cdot \lambda(h)/h$ dargestellt.

Kurve (b) gibt $\lambda(h)$ für $\varepsilon_q = \varepsilon_h = 0{,}07$ und $\varepsilon_{hx} = 0{,}02$ wieder. Die eingetragenen Punkte stellen experimentell ermittelte Fehler Δh aus Dreifachbestimmungen in einem Praktikum dar. Abgesehen von der geringen Zahl der Kontrollmessungen liegen dadurch erschwerte Bedingungen vor, daß die Versuche von ungeübten Personen durchgeführt wurden und die Dreifachbestimmungen durch drei verschiedene Arbeitsgruppen erfolgten.

Aus Gl. (20) wird ersichtlich, daß der Analysenfehler prinzipiell nicht kleiner werden kann als die Dosierfehler.

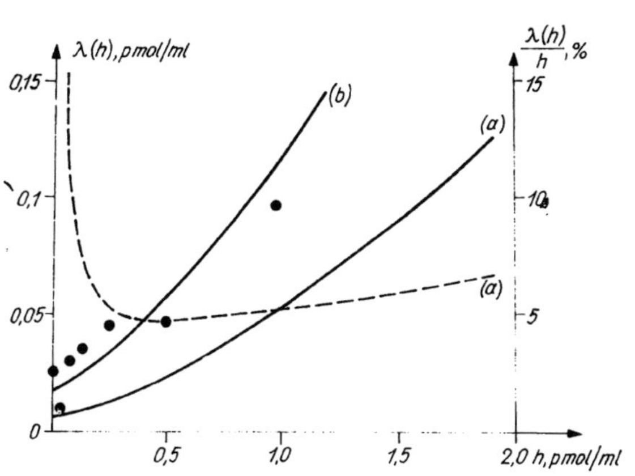

Abb. 2. Präzisionsprofile des T3-RIA für kleinere (a) und größere (b) Dosierfehler (siehe Text)
●: Experimentelle Werte; gestrichelte Kurve: Prozentualer Fehler. K und q wie in Abb. 1; $h^x = 0{,}037$ pmol/ml

Betrachtet man den Fall, daß nur Dosierfehler ε_h und ε_{hx} zu berücksichtigen wären, so würde der relative Fehler

$$\lambda(h)/h = \sqrt{\varepsilon_h^2 + \varepsilon_{hx}^2 \frac{h^{x2}}{h^2}} \tag{21}$$

d. h., der Indikatorüberschuß treibt zu Beginn der Eichkurve $h \to 0$) den prozentualen Fehler nach oben. Dieser Effekt verliert jedoch bei Annäherung an $h^x/h < 1$ sehr schnell an Wirksamkeit.

Abb. 3 vermittelt einen Eindruck über den Beitrag der Einzelkomponenten zum Quadrat des relativen Fehlers $\lambda^2(h)/h^2$. Der Fehlerbeitrag der Dosierung der inaktiven Substanz bleibt natürlich konstant ε_h^2. Der Einfluß der Indikatordosierung wird schnell bedeutungslos. Fehler der Antikörperdosierung wirken sich zu Beginn der Eichkurve sehr stark aus und fallen mit steigendem h ab. Der Zählratenfehler durchläuft ein ausgeprägtes Minimum. Den

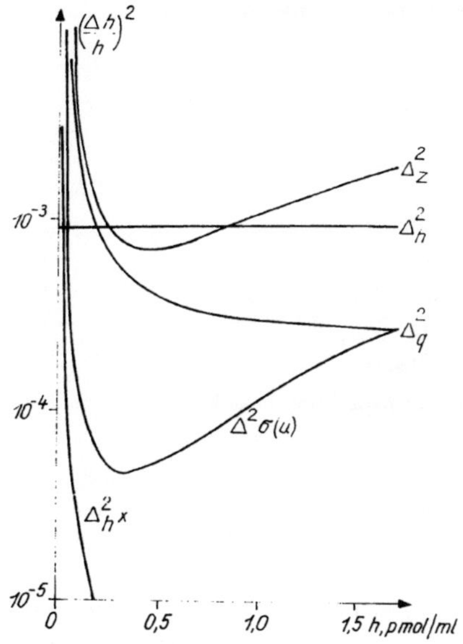

Abb. 3. Beitrag der einzelnen Fehlerkomponenten zur relativen Varianz der Hormonbestimmung entlang der Eichkurve
Bedingungen wie in 2a

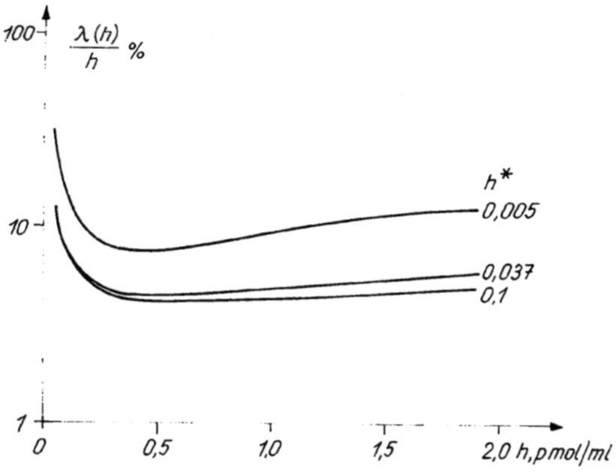

Abb. 4. Einfluß der Indikatorkonzentration h^x auf die relative Präzision

Einfluß von Indikator- und Antikörperkonzentration auf den relativen Gesamtfehler von h entlang der Eichkurve zeigen die Abb. 4 und 5. Natürlich können Modellbetrachtungen bei der RIA-Optimierung Experimente nicht völlig ersetzen. Das Einliganden-Einbindungsstellen-Modell weist Schwächen auf, die generell bekannt sind. Andererseits steigt aber mit einem mehrparametrigen Bindungsmodell nicht nur sprunghaft der Rechenaufwand, sondern es sind auch mehr Meßpunkte erforderlich, um die Parameter ausreichend genau zu bestimmen. Wir glauben, daß der hier vorgestellte Kompromiß zwischen Modelltreue und Aufwand den Bedürfnissen der Praxis am besten entgegenkommt.

Das Programm „RIA-PRÄZ" umfaßt 199 Programmschritte. Für den vorliegenden Programmaufbau werden 16 Datenspeicher benötigt. Sowohl die Eingabedaten als auch die Ergebnisse werden über den Streifendrucker des Rechners registriert. Die Programmorganisation ist im Ablaufplan (Abb. A1) dargestellt:

Ablaufplan:

Eingabe der Größen

1 α, K, ε_q, ε_h, ε_{h^x}, u, $\sigma(u)$
Datenregistrierung über Drucker

Eingabe der Größen

2 q, h^x, h_{Min}, h_{Max}, Δh
Datenregistrierung über Drucker

Berechnung von
y- und $\lambda(h)$-Werten

3 für Wertefolge von $x = h + h^x$
von $h = h_{Minimum}$ bis
$h = h_{Maximum}$

4 Ergebnisausgabe über Drucker

Ende

Abb. A1. Programmbeschreibung zur Berechnung von y- und $\lambda(h)$-Werten am programmierbaren Tischrechner WANG 600

Es werden zunächst die Größen α, K, ε_q, ε_h, εh^x, u und $\sigma(u)$ eingegeben, in entsprechenden Registern gespeichert und auf dem Streifendrucker registriert (1). Das gleiche geschieht nachfolgend mit den Größen q, h^x, h_{Min}, h_{Max} und Δh (2). Die beiden Datengruppen werden nur deshalb unterschieden, weil das Programm auch bei (2) gestartet werden kann, wenn die in (1) eingegebenen Daten für weitere Rechenvarianten konstant bleiben.

Durch eine Laufanweisung wird die Größe h zwischen dem Anfangswert h_{Min} und dem Endwert h_{Max} in der gewünschten Schrittgröße Δh variiert, in (3) die zugehörigen y- und λ_h-Werte berechnet und in (4) in Ergebnisfolge ausgedruckt. Die Ergebnisberechnungen werden so durchgeführt, daß zu jedem $x_i = h_i + h^x$-Wert im Wertebereich $x_{Min} = h_{Min} + h^x < x < x_{Max} = h_{Max} + h^x$ der zugehörige y_i-Wert nach Gleichung (14a) und mit diesem y_i-Wert nach Gleichung (20) der λh-Wert ermittelt wird.

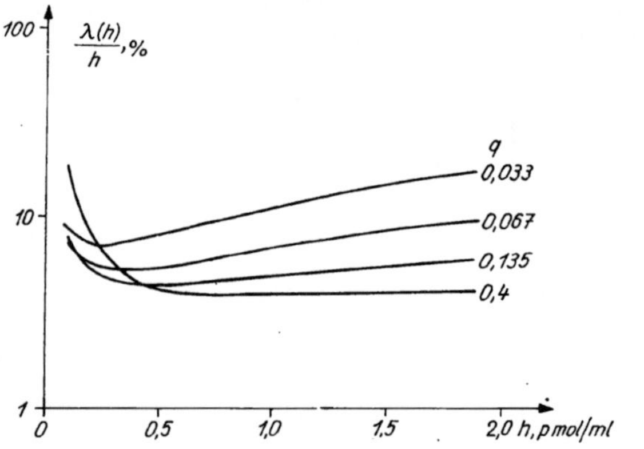

Abb. 5. Einfluß der Antikörperkonzentration q auf die relative Präzision

Eingegangen am 28. 1. 1981

Literatur

[1] *T. Chard*, An Introduction to Radioimmunoassay and Related Techniques. Vol. 6, pt. 2 of Laboratory Techniques in Biochemistry and Molecular Biology. *P. S. Work* u. *E. Work* ed., Amsterdam 1978
[2] *M. Yanagishita, D. Rodbard*, Anal. Biochem. 88 (1978) 1
[3] *R. P. Ekins, G. B. Newman*, Acta Endocrinol. 64, Suppl. 147 (1970) 11
[4] *S. A. Berson, R. S. Yalow*, in The Hormones, *G. Pincus, K. V. Thimann, E. B. Astwood* ed., New York 1964, S. 557–630
[5] *D. Rodbard*, Statistical Aspects of Radioimmunoassay; in Principles of Competitive Protein Binding Assays, *W. D. Odell, W. H. Daughaday* ed., Philadelphia 1971, Kap. VIII, S. 204
[6] *A. Darenger, P. Tost, I. Trantschold*, J. Clin. Chem. Clin. Biochem. 15 (1977) 593
[7] *C. L. Meinert, R. B. McHugh*, Mathematical Biosciences 2 (1968) 319
[8] *D. Rodbard, H. A. Feldman*, Theory of Protein-Ligand Interaction, in Methods in Enzymology, 36 A, *B. W. O'Malley, J. G. Hardman* ed., New York 1975, S. 3–16
[9] *P. G. Malan*, Discussion in Radioimmunoassay and Related Procedures in Medicine, Berlin 1977, Vol. 1, IAEA Proceedings Series, Wien 1978, p. 435

Дрффузия ультрамикроколичеств спалогенных продуктов в поликристаллическом β-цирккнии

Г.-Ю. Байер[1], *А. Ф. Новгородов*[2], *А. С. Ковалев*[2]

([1]) ЦИЯИ, Россендорф, ГДР; [2]) ОИЯИ, Дубна, СССР)

Изучено одновременное высокотемпературное улетучивание радиоактивных спалогенных продуктов из облученных протонами с энергией 660 МэВ фольг циркония. Доли улетучивания (F) этих продуктов из β-Zr уменьшаются в ряду:

$F_{Zn} > F_Y > F_{Sr} > F_{Rb} > F_{Kr}$ [1130—2050 K]

Определены коэффициенты диффузии указанных элементов и их температурная зависимость. Наблюдается необычайно медленная диффузия Rb и Kr в β-Zr, скорость которой приблиазительно в 100—500 раз ниже скорости самодиффузии циркония.

Дискутируется зависимость коэффициентов диффузии от радиуса диффундирующих частиц.

Keywords

carrier-free isotopes; diffusion; protons; spallation; temperature dependence; zirconium-beta

Введение

Исследованию самодиффузии и диффузии различных элементов в цирконии и в его сплавах уделяется особое внимание. Это продиктовано широким применением этого металла в ядерной технике и кроме того тем, что он принадлежит к группе ,,аномальных" металлов, диффузия в которых характеризуется более низкими, чем обычно, величинами D_0 и E_A [1], входящими в уравнение Аррениуса:

$$D = D_0 \cdot \exp(-E_A/RT) \quad (1)$$

где D — коэффициент диффузии, *см²/с*,
D_0 — предэкспоненциальный фактор, *см²/с*,
E_A — энергия активации диффузии, *кал/моль*.

Для ,,аномальных" металлов, в частности для β-Zr, не выполняется также общепринятое эмпирическое соотношение [2]:

$$E_{A\,сам} = (34 \div 36) \cdot T_{плав} \quad (2)$$

где $E_{A\,сам}$ — энергия активации самодиффузии, *кал/моль*
и $T_{плав}$ — температура плавления, *К*.

При анализе данных по диффузии следов отдельных элементов с целью выяснения возможных механизмов оказывается полезным сравнение их коэффициентов диффузии D с коэффициентами самодиффузии $D_{сам}$. Значения коэффициентов диффузии D многих изученных до сих пор элементов в Zr неспецифично варьируют в широкой области ($20 \leqq E_A \leqq 60$ *ккал/моль* и $10^{-5} \leqq D_0 \leqq 1{,}3$ *см²/с*). Диффундирующие в примеси могут быть грубо разделены на две группы [4]:

- необычайно быстро диффундирующие элементы, для которых D более чем в 10^2 выше, чем $D_{сам}$ (например, Be [5], Co [6] и Fe [7]);
- медленно диффундирующие элементы, для которых выполняется соотношение $0{,}1 \leqq D/D_{сам} \leqq 10$. Эта группа объединяет основную массу до сих пор исследованных элементов.

К первой группе относятся элементы, отношение радиусов которых к радиусу тетраэдрических пустот в β-Zr позволяет высказать предположение о межузельном механизме диффузии этих элементов [8]. Вторая группа элементов диффундирует преимущественно по вакансионному механизму и по дислокациям, плотность которых в β-Zr при мартенситном α-β-превращении может достигать очень высоких значений (до 10^{11}—10^{12} линий/*см²*) [9]. Следует подчеркнуть необычайную устойчивость дислокаций при повышенных температурах (вплоть до $T_{плав}$) в β-Zr, а также в β-Ti и β-Hf [10]. При высоких температурах (0,8—1,0 $T_{плав}$) в диффузионном переносе второй группы изученных элементов проявляется моновакансионный механизм. Что же касается дивакансионного механизма, то теоретические оценки [2] показывают, что для β-фаз Ti, Zr и Hf он невозможен вплоть до $T \approx T_{плав}$.

Выделение и изучение какого-либо одного механизма диффузии в рафинированном виде невозможно, однако, учитывая, что наиболее существенное влияние на характер движения примесного атома оказывает его размер (или размер его иона), интересно провести анализ данных по диффузии элементов, радиусы атомов которых изменяются в широком диапазоне.

Необычайно перспективную возможность для симультанного исследования процессов диффузии нескольких примесных элементов дают ускорители заряженных части высоких энергий. Облучение этими частицами различных элементов приводит к образованию продуктов ядерных реакций глубокого расщепления (спалогенных продуктов), значительно отличающихся атомным номером Z от Z материала мишени. Так, при облучении металлического циркония на синхроциклотроне ОИЯИ протонами с энергией 660 МэВ в нем с достаточно высоким выходом образуются элементы от Zn до Y. В табл. 1 представлены радиусы атомов и ионов [11] спалогенных продуктов, образующихся в цирконии при облучении его протонами высоких энергий, а также их отношения к радиусу тетраэдрических пустот [12] в β-Zr (0,458 Å).

Характерно, что из-за большого пробега протонов высокой энергии спалогенные продукты распределены гомогенно в мишенях. Это облегчает задачу расчета

Адрес: [1]) 8051 Дрезден, п/я 19; [2]) 10100 Москва, п/я 79

Табл. 1. Радиусы (атомов) ионов некоторых спалогенных продуктов [11], образующихся при облучении циркония, и их отношения к радиусу тетраэдрических пустот в β-Zr [8]

Элемент	(ион)	Радиус атома (иона), Å	Отношение радиуса атома (иона) к радиусу тетраэдрических пустот.
Zn	(Zn^{2+})	1,37 (0,83)	2,99 (1,81)
Kr		1,98	4,32
Rb	(Rb^{+})	2,48 (1,49)	5,41 (3,25)
Sr	(Sr^{2+})	2,15 (1,20)	4,69 (2,62)
Y	(Y^{3+})	1,81 (0,97)	3,95 (2,12)

коэффициентов диффузии по долям улетучивания F. Достоинством метода испарения спалогенных продуктов из материала мишени является возможность сравнения данных по диффузии различных примесных элементов, полученных в одном эксперименте.

В настоящей работе мы изучали диффузию безносительных спалогенных продуктов Zn, Y, Sr, Rb и Kr в β-Zr. Следует упомянуть, что данные по диффузии последних трех элементов в литературе нами не найдены.

Целью экспериментов являлось также нахождение оптимальных параметров, при которых тот или иной элемент может быть быстро выделен из Zr-фольг, и оценка условий, при которых эти фольги могут служить материалом мишеней для получения короткоживущих радионуклидов на ISOL-установках (Isotope Separator on-Line).

Экспериментальная часть

Поликристаллические фольги циркония толщиной 0,1 *мм*, а также циркониевая жесть толщиной 0,7 *мм* активировались на внутреннем пучке синхроциклотрона ОИЯИ протонами с энергией 660 *МэВ*. После соответствующей выдержки для распада короткоживущих радионуклидов из мишеней вырезались пробы размером ~10 *мм*² и нагревались в кварцевой аппаратуре от 5 до 180 *мин* в условиях „масляного" вакуума ($\leqq 10^{-3}$ *Па*) или в атмосфере высокочистого гелия при температурах в диапазоне $1140 \leqq T(\mathrm{K}) \leqq 1375$. Для защиты от влияния кварцевых стенок цирконий упаковывался в Ta-фольги (геттер). В области температур $1400 \leqq T(\mathrm{K}) \leqq 2100$ пробы, запакованные в Ta-фольгу, нагревались в высоком вакууме ($1 \div 4 \times 10^{-4}$ *Па*) в установке с нагревом электронной бомбардировкой. Улетучивающаяся при нагревании часть спалогенных продуктов (доля улетучивания F) определялась γ-спектрометрически, для чего излучение пробы до и после нагрева измерялось на Ge(Li)-детекторах. Обработка γ-спектров проводилась на ЭВМ HP-2116 с помощью программ экспресс-обработки спектров ЭПОС-1, ЭПОС-2 [13] и SUCHE [14]. Часть спектров накапливалась на ЭВМ „Минск-2" и обрабатывалась с помощью светового карандаша [15] и программы КАТОК [16].

В табл. 2 приведены данные о радионуклидах, использовавшихся для определения индивидуальных долей улетучивания. Связь между F и коэффициентом диффузии D дается уравнением (3), полученным при решении уравнения второго закона Фика:

$$F(\%) = 100 - \frac{800}{\pi^2} \sum_{n=0}^{\infty} \cdot \frac{1}{(2n+1)^2} \times \exp\left(-\frac{(2n+1)^2 \pi^2 D t}{d^2}\right) \tag{3}$$

где d-толщина фольги в *см* и *t*-время нагрева в *с*. Это уравнение действительно, если стадией, определяющей скорость процесса улетучивания, является транспорт к поверхности фольги, а не испарение (десорбция). Из температурной зависимости коэффициента диффузии определялись энергия активации E_A и фактор D_0. Более детально проведение экспериментов и обработка результатов даны в ранней публикации [18].

Табл. 2. Данные о распаде радионуклидов, образующихся при облучении циркония протонами высоких энергий [17]

Нуклид	$T_{1/2}$	Энергия гамма-квантов, *кэВ*	Интенсивность гамма-квантов, % на распад
^{65}Zn	243,8 дн	1115,5	49,8
^{75}Se	120,0 дн	121,1	16,5
		135,9	58,0
		264,5	58,5
		279,5	25,0
		400,7	12,0
^{79}Kr	1,45 дн	261,3	11,0
		397,6	8,0
		606,0	8,0
^{83}Rb	83,0 дн	520,4	47,0
		529,7	30,4
		552,6	16,6
^{84}Rb	33,0 дн	881,5	75,3
^{85}Sr	64,5 дн	514,0	99,3
^{88}Y	107,0 дн	898,0	93,0
		1836,1	99,4

Результаты и обсуждение

На рис. 1 представлена характерная часть γ-спектра пробы Zr, выдержанной в течении двух месяцев с конца облучения и измеренной до нагрева (А), а также после нагрева при различных температурах (Б и В). Доли улетучивания отдельных элементов в зависимости от температуры нагрева даны на рис. 2 из которого следует, что F уменьшается в следующем ряду:

$$F_{Zn} > F_Y > F_{Sr} > F_{Rb} > F_{Kr} \tag{4}$$

На рис. 3 показаны температурные зависимости (в координатах $\log D - 1/T$) коэффициентов диффузии некоторых спалогенных продуктов. Для Kr из-за особых трудностей проведения γ-спектрометрического анализа рассчитанные значения имеют большие ошибки, что с одной стороны не позволило представить температурную зависимость в виде достаточно надежной кривой, а с другой стороны — рассчитанные коэффициенты зависимости *Аррениуса* (1) имеют боль-

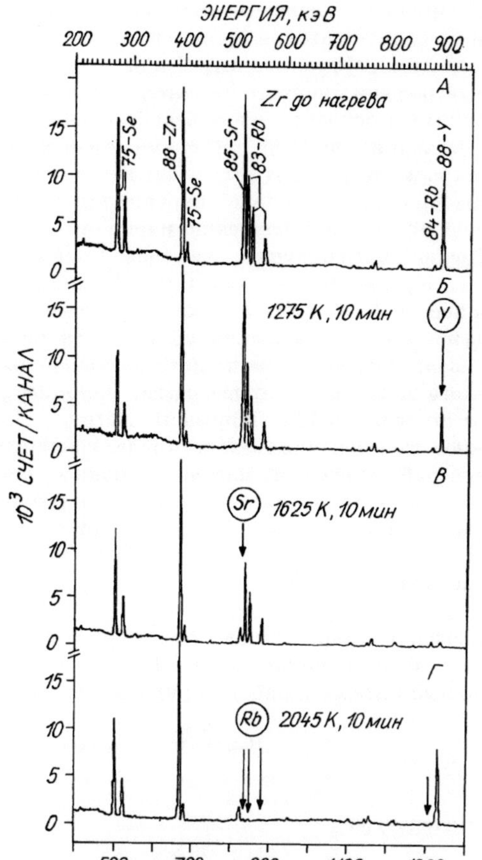

Рис. 1. Участок γ-спектра Zr-проб одинаковой исходной активности

А — до нагрева; Б и В — после нагрева в течение 10 *мин* при 1275 и 1625 К, соответственно; Г — участок спектра γ-излучения Ta-фольги, в которую был упакован цирконий.

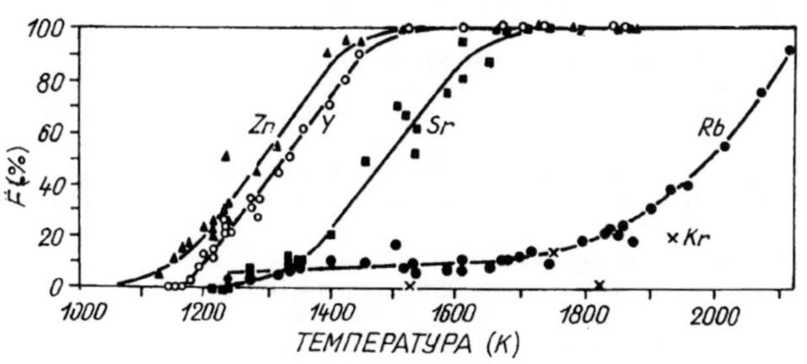

Рис. 2. Зависимость доли улетучивания следовых количеств спалогенных продуктов из Zr-фольги толщиной 0,1 *мм* от температуры нагрева, время нагрева — 10 мин

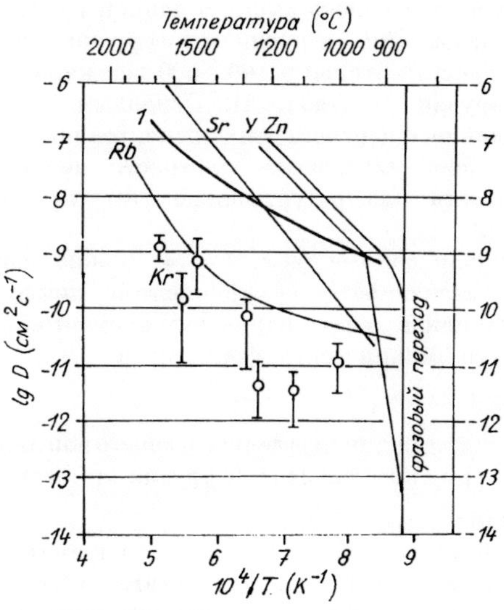

Рис. 3. Зависимости Аррениуса для диффузии изученных спалогенных продуктов

Кривая 1 представляет самодиффузию Zr [3], а экспериментальные точки — диффузию Kr

Табл. 3. Коэффициенты зависимости Аррениуса для диффузии безносительных спалогенных продуктов в β-цирконии

Диффундирующий элемент	Область температур, *К*	log D_0 (D_0 в *см²/с*)	E_A[k], кал/моль
Zn	1175—1470	1,16 ± 0,30	229,9 ± 8,4
Y	1130—1200	53,4 ± 3,6	1449,6 ± 8,4
Y	1200—1470	0,57 ± 0,48	222 ± 12
Sr	1250—1900	2,06 ± 0,43	289 ± 63
Rb	1170—1700	—6,63 ± 0,70	904 ± 20
Rb	1700—2050	—2,14 ± 0,84	231 ± 29
Kr	1170—1950	—4,1 ± 2,0	193 ± 57

Табл. 4. Отношение коэффициентов диффузии следовых количеств спалогенных продуктов к коэффициентам самодиффузии в β-цирконии

Элемент	Область температур, *К*	*D/D* сам
Zn	1200—1500	1,8 — 18
Y	1200—1500	1 — 8,5
Sr	1200—1750	0,03 — 7,1
Rb	1750—2000	0,01 — 0,04
Kr	1200—1900	0,002 — 0,003

шие ошибки. Для всех изученных элементов эти коэффициенты даны в табл. 3. На рис. 3 кривой 1 представлена также температурная зависимость самодиффузии циркония [3]. Пределы изменения соотношений коэффициентов диффузии изученных спалогенных продуктов в β-Zr и коэффициентов самодиффузии даны в табл. 4.

Высокие скорость диффузии Y и чувствительность γ-спектрометрического определения его изотопа ^{88}Y позволили обнаружить резкое изменение коэффициента диффузии этого элемента в области температур 1130—1200 К. Подобный эффект наблюдался в работе [19], посвященной изучению диффузии Се в β-Zr, а также в наших ранних исследованиях диффузии спалогенных продуктов в гафнии [20]. Наблюдаемое во всех этих случаях скачкообразное увеличение коэффициентов диффузии редкоземельных элементов при температурах несколько выше температуры фазового перехода не может быть в настоящее время сколько-нибудь удовлетворительно объяснено. Во всяком случае ни одному из возможных для этих температур механизмов (диффузия по границам зерен, межузельный и дислокационный) нельзя отдать предпочтение, учитывая огромную энергию активации диффузии Y(E_A = 1450 *kJ//моль*).

Как уже отмечалось выше, в данной работе наблюдалась необычайно медленная диффузия Rb и Kr в β-Zr, скорость которой в 100—500 раз ниже скорости самодиффузии Zr (табл. 4). Основным механизмом диффузионного переноса этих элементов при $T \geqq 1700$ K, учитывая уменьшение плотности дислокаций в этой области температур, можно считать моновакансионный.

Сравнивая данные табл. 1 и 4, можно наблюдать четкую зависимость коэффициентов диффузии от размеров ионов диффундирующих элементов (рис. 4). Используя эмпирическую формулу (5)

$$\log D = ar + b \qquad (5)$$

r(Å) = радиус диффундирующего иона или атома
D [$см^2\ с^{-1}$] = коэффициент диффузии примесного иона или атома

можно всчитать соответственные параметры a и b для разных температур. Результаты этих расчетов представлены в табл. 5. Следует отметить, что ионных характер диффузии, на который указывалось в работах [21, 22], подтвердился в данном исследовании крайне медленным диффузионным переносом криптона. Без этой „точки отсчета“ — потедения неионизованного атома криптона — можно было бы обнаружить „зависимость“ коэффициента диффузии от радиуса атомов примесей, а Kr-расположить по скоростим диффузии между Y и Sr.

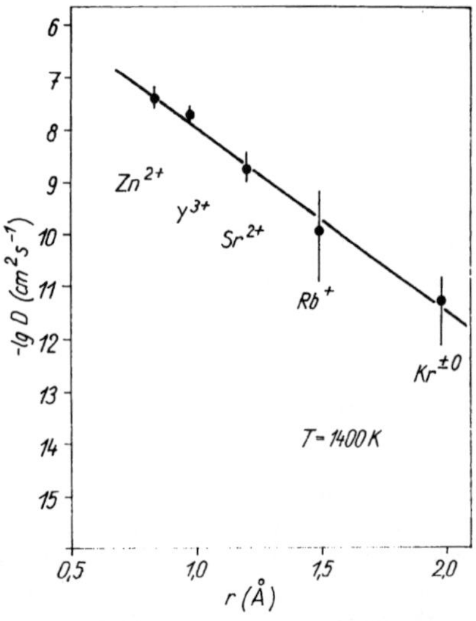

Рис. 4. Зависимость коэффициента диффузии (D[см²/с]) от радиусов диффундирующих частиц (r[Å]) в β-Zr при температуре 1400 K (ошибки экспериментальные)

Табл. 5. Зависимость коэффициента диффузии D от радиуса диффундирующих частиц r [Å] рассчитана по формуле $\log D = ar + b$ для разных температур

T/K	$a \pm \Delta a$	$b \pm \Delta b$
1300	— 3,3 ± 0,3	— 5,3 ± 0,3
1500	— 3,7 ± 0,4	— 3,8 ± 0,5
1700	— 3,9 ± 0,5	— 2,6 ± 0,7
1900	— 4,0 ± 0,6	— 1,7 ± 0,8

Подтверждение ионного характера диффузии стало возможным в основном из-за использования гомогенной активации мишеней протонами высокой энергии на синхроциклотроне. В дальнейшем этот метод может быть распространен на более широкий круг элементов, образующихся при облучении циркония в виде их достаточно долгоживущих изотопов (например, Be, Na, Ar, K, Ca, Sc, Co, Cu, Ga). Получение такой обширной информации, а также проведение металлографических исследований облученного материала до и после нагрева должны дать возможность более глубокого анализа, учитывающего, например, элекронное строение диффундирующих частиц.

Данное исследование оказалось полезным при выборе условий работы системы мишень — ионный источник на ISOL — установках. На основании результатов этой работы предложена конструкция такой системы, позволяющая получать короткоживущие моноизотопные препараты Sr [23].

В заключение авторы считают своим приятным долгом выразить благодарность проф. *В. А. Халкину* за постоянный интерес к работе и ряд ценных замечаний.

Поступила в редакцию 15/I, 1981 г.

Литература

[1] *G. B. Gibbs*, Acta Met. **15** (1967) 1551
[2] *Б. С. Бокштейн, С. З. Бокштейн, А. А. Жуховицкий*, Термодинамика и кинетика диффузии в твердых телах. Изд-во „Металлургия“, М. 1974
[3] *А. Д. Ле Клер*, Диффузия в металлах с объемноцентрированной решеткой. Изд-во „Металлургия“, М. 1969, стр. 11
[4] *R. Tendler, E. Santos*, Thermodynamics of Nuclear Mater., Vol. 2, IAEA 1975, p. 71
[5] *Л. В. Павлинов* и др., Изв. АН СССР, сер. Металлы, № 3 (1969) 207
[6] *G. V. Kidson, J. S. Kirkaldy*, Phil. Mag. **20** (1969) 1057
[7] *А. М. Блинкин, Б. Б. Воробьев*, Укр. физ. Ж. 9 (1964) 191
[8] *T. R. Anthony*, Vacancies and Interstitials in Metals. North Holland Publ. Co., Amsterdam 1969, p. 935
[9] *A. S. Nowick*, Comments of Solid State Phys. **11** (1969) 30
[10] *G. M. Neumann*, Diffusion processes. Ldn — N.-Y., Cordon and Breach Publ. 1971, p. 329
[11] Физико-химические свойства элементов. П/ред. *Г. В. Самсонова*. Изд-во „Наукова думка“, Киев 1965
[12] *А. Я. Шиняев*, Диффузионные процессы в сплавах. Изд-во „Наука“, М. 1975, стр. 64—74
[13] *Г. Элер* и др., ПТЭ 5 (1973) 253
[14] *В.-Д. Фромм*, ОИЯИ, 10-9094, Дубна 1975
[15] *Ф. Дуда* и др., ОИЯИ, 10-4977, Дубна 1970
[16] *В. Гаджоков*, ОИЯИ, Р10-5035, Дубна 1970
[17] *G. Erdtmann, W. Soyka*, Die Gamma-Linien der Radionuklide. Jül-1003-AC, April 1974
[18] *G.-J. Beyer, A. F. Novgorodov*, ZfK-328, Rossendorf 1977
[19] *A. R. Paul, R. P. Agarwala*, Thermodynamics of Nucl. Mater., Vol. 1, IAEA-SM 190/31, 1975, p. 109
[20] *G.-J. Beyer, A. F. Novgorodov*, ZfK-303, Rossendorf 1976
[21] *R. L. Cohen, G.-J. Beyer, B. I. Deutch*, Phys. Rev. Lett. **33** (1974) 518
[22] *G.-J. Beyer, W.-D. Fromm, A. F. Novgorodov*, Nucl. Instr. Meth. **146** (1977) 419
[23] *G.-J. Beyer, O. Knotek, M. Jachim, Ju. Jushkevic, A. F. Novgorodov*, Nucl. Instr. Meth. **148** (1978) 543

Gamma-Radiolyse von langzeitbestrahltem Äthanol mit und ohne Zusätze

J. Schmidt, H. Langguth, J. Bös

(Zentralinstitut für Isotopen- und Strahlenforschung Leipzig der AdW der DDR) [1]

Äthanol bildet infolge der Langzeiteinwirkung von Gamma-Strahlung außer niedermolekularen auch polymere Radiolyseprodukte, die zu unerwünschten Verharzungserscheinungen führen. Es wurden deshalb Radiolyseuntersuchungen an Äthanol mit und ohne Zusätze im Dosisbereich bis 11 MGy in Gegenwart von Luft bzw. im Vakuum durchgeführt und die gebildeten Radiolyseprodukte analysiert. In Abhängigkeit von der Reinheit der Alkohole, den Zusätzen und der Dosis konnten mittels Gaschromatographie 9 gasförmige und bis zu 16 flüssige Produkte nachgewiesen werden.

Die Beeinflussung der Ausbeuten polymerisationsfähiger Verbindungen wurde durch ausgewählte Zusätze geprüft. Die Ausbeuten der in Frage kommenden reaktiven Carbonylverbindungen konnten auf diese Weise nicht verringert und damit auch die Verharzung nicht reduziert werden. Dagegen trat eine Verminderung der Ausbeuten von Butanon und Butandiol ein.

Keywords

additions; chemical radiation effects; cobalt 60; ethanol; gamma radiation; radiation doses; radiolysis

Einleitung

Äthanol, das in speziellen Fällen als Lagermedium für ^{60}Co-Quellen eingesetzt wird, bildet infolge der Langzeiteinwirkung der Gamma-Strahlung mit Dosen bis 10^3 MGy außer niedermolekularen auch polymere Radiolyseprodukte die zu unerwünschten Verharzungserscheinungen führen.

In Fortführung der umfangreichen Untersuchungen von *Freeman* u. a. [1—6] über die Gamma-Radiolyse von reinem Äthanol unter Vakuum im Dosisbereich bis 0,5 MGy wird in dieser Arbeit der Einfluß der Langzeitbestrahlung mit Dosen bis 11 MGy auf Äthanol unter Luft mit und ohne Zusätze untersucht.

Unter den Bedingungen eines offenen Systems, bei dem die gasförmigen Radiolyseprodukte entweichen können, sollten für die Bildung von Polymeren nur flüssige oder in Alkohol gut lösliche gasförmige Radiolyseprodukte in Frage kommen. In der vorliegenden Arbeit werden die Ausbeuten flüssiger Radiolyseprodukte in verschiedenen Alkoholsorten untersucht und mit den entsprechenden Ausbeuten in Lageralkoholen verglichen. Weiterhin werden die möglichen Ausgangsstoffe für strahleninitiierte Folgereaktionen, die zur Bildung von Makromolekülen führen können, selektiert und die Möglichkeiten einer Beeinflussung ihrer Ausbeuten durch ausgewählte Zusätze geprüft.

Experimenteller Teil

Aufgrund der relativ starken Beeinflussung der Radiolyseergebnisse durch Verunreinigungen in geringen Konzentrationen wurden verschiedene Alkoholsorten verwendet. In dieser Arbeit fanden absoluter Alkohol (II) und speziell über einem Natriumspiegel unter Vakuum zweifachdestillierter Alkohol (I) Verwendung.

Die Wasser- und Acetaldehydgehalte in den beiden Alkoholsorten betrugen $\leqq 1{,}1 \times 10^{-4}$ und $\leqq 3 \times 10^{-4}$ Mol/l (II) bzw. $\leqq 8 \times 10^{-5}$ und 2×10^{-4} Mol/l (I). Als Zusätze wurden 0,2 Mol/l Benzol, 10^{-2} Mol/l Anthracen, 10^{-3} Mol/l Ascorbinsäure und 5×10^{-2} Mol/l Natriumborhydrid verwendet.

Die Gamma-Bestrahlung von Proben zu je 1 Gramm erfolgte in Glasampullen in Gegenwart von Luft bei Temperaturen von 22 ± 2 °C an den Bestrahlungsanlagen K 120 des Instituts für Isotope, Budapest, mit einer Dosisleistung von 2,8 und 4,4 Gy/s und RCH-Gamma-20 des Zentralinstituts für Isotopen- und Strahlenforschung, Leipzig, mit einer Dosisleistung von 2,1 Gy/s.

Die Dosimetrie wurde mit *Fricke*-Lösung und die Entgasung der Proben am Hochvakuumpumpstand bei $1{,}3 \times 10^{-2}$ Pa durchgeführt.

Der Nachweis der Radiolyseprodukte erfolgte mittels Gaschromatographie an gepackten Säulen, wobei die organischen flüssigen Produkte auf einer 2-m-Porapak-P-Säule mit Temperaturprogramm und Flammenionisationsdetektor und das Wasser auf einer 2-m-Porapak-T-Säule mit Wärmeleitfähigkeitsdetektor analysiert wurden.

Resultate und Diskussion

Reiner Alkohol

Die Radiolyseuntersuchungen an entgastem Alkohol im Dosisbereich bis 85 kGy ergaben eine gute Übereinstimmung mit entsprechenden Literaturangaben [1, 2]. Es wurden 9 gasförmige Produkte (Wasserstoff, C_1-C_4-Kohlenwasserstoffe, Kohlenmonoxid und Formaldehyd) und als flüssige Radiolyseprodukte Acetaldehyd ($G = 2{,}1$), Butandiol-2,3 ($G = 1{,}7$), Wasser ($G = 0{,}8$), n-Butanol ($G = 0{,}2$) und Spuren von Methyläthylketon und Äthylenglykol nachgewiesen. Der G-Wert oder die 100-eV-Ausbeute entspricht der Zahl der pro 100 eV absorbierter Strahlungsenergie umgesetzten Moleküle.

Bei den weiteren Versuchen unter Einfluß von Luft wurde zum Teil in offenen Probensystemen gearbeitet.

In Abb. 1 werden die Gaschromatogramme der entstandenen flüssigen Radiolyseprodukte von Lageralkohol (Dosis: 3×10^3 MGy) und Äthanol (II), bestrahlt mit einer Dosis von nur 3 MGy, gegenübergestellt. Von den im Lageralkohol gefundenen 16 flüssigen organischen Produkten waren ungeachtet der weitaus geringeren Dosis 14 im Äthanol (II) nachweisbar. Im Äthanol (I) und (II) sind

[1]) Anschrift: 7050 Leipzig, Permoserstr. 15

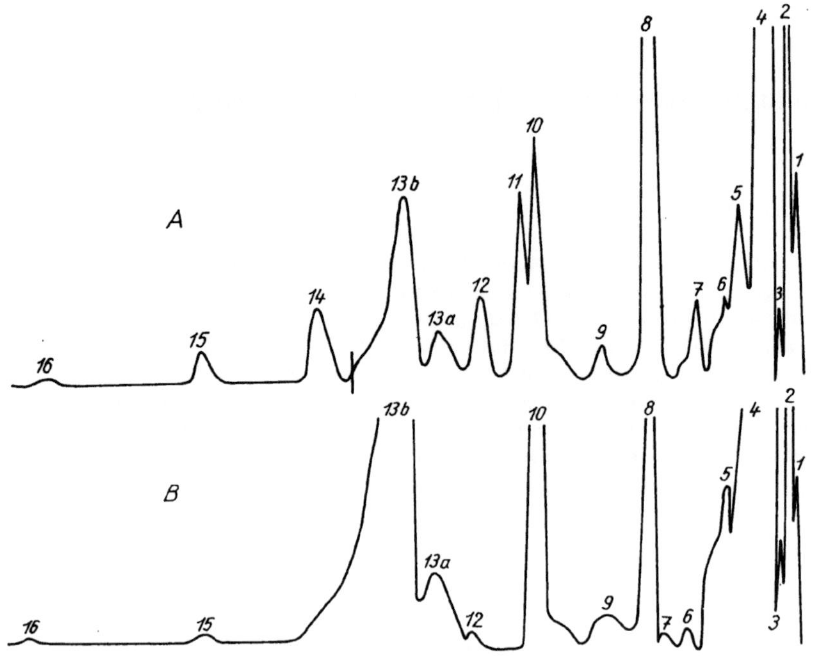

Abb. 1. Gaschromatogramm der Radiolyseprodukte von A: Lagerräthanol; B: Äthanol (II)
1 – Methanol; 2 – Acetaldehyd; 4 – Äthanol; 5 – Aceton; 7 – n-Propanol; 8 – 2-Butanon; 9 – n-Butanol; 10 – Äthylenglycol; 11 – 1,2-Propandiol; 12 – 1,3-Propandiol; 13 – 2,3-Butandiol; 15 – 1,3-Butandiol; 16 – 1,4-Butandiol

Tab. 1. Ausbeuten flüssiger Radiolyseprodukte in γ-bestrahltem Äthanol (Raumtemperatur)

Produkte	*G*-Werte			
	Äthanol (entgast)		Äthanol (nicht entgast)	
	Literatur	diese Arbeit	Literatur	diese Arbeit
Acetaldehyd	1,4–3,7	2,1	6,4	7,0 (8,5)*
2,3-Butandiol	1,7–2,8	1,7	~0,3	1,8
Wasser	0,5–1,2	0,8		0,9
2-Butanon		Spuren		0,02
n-Butanol		0,2		0,3
2-Butanol	0,8			
Äthylenglykol	0,01; 0,03*	Spuren		0,2
1,2-Propandiol	0,1			0,02
1,3-Propandiol	0,002*			Spuren
1,3-Butandiol	0,05*			0,03
1,4-Butandiol	0,01*			0,01
Methanol				0,2
Aceton				0,02
n-Propanol				0,02
Dosis, kGy	30; *500	85	1600	3000 (11000)*
Dosisleistung, kGy/h	0,16–9,6	18		10–18

die 2 Komponenten mit den Peaks 11 und 14 nicht feststellbar. Die Komponenten der Peaks 3, 6 und 14 waren nicht identifizierbar. Die gute Übereinstimmung der Anzahl der entstandenen Radiolyseprodukte der Alkohole in dem sehr breiten Dosisbereich von 3 bis 3×10^3 MGy macht es möglich, Ergebnisse über die Beeinflußbarkeit einzelner Komponenten im Bereich um 3 MGy bis auf Dosen von 10^3 MGy zu extrapolieren.

In Tab. 1 sind die identifizierten Radiolyseprodukte und die errechneten *G*-Werte zusammengefaßt. In Gegenwart von Luft konnten zusätzlich Methanol, Aceton und n-Propanol nachgewiesen werden. Besonders auffällig ist die Zunahme der Acetaldehydausbeute. In Abhängigkeit von der Reinheit der Äthanolsorten ergaben sich unterschiedliche Anfangs-*G*-Werte für Acetaldehyd von 8,5 im Äthanol (I) bzw. 7 im Äthanol (II). Abb. 2 zeigt den erhöhten Initiierungs-*G*-Wert und die Abnahme der Acetaldehydausbeute mit wachsender Dosis. Die höhere Acetaldehydausbeute im Äthanol (I) ist auf die Bildung von Natriumalkoholat während des Reinigungsprozesses über Natrium

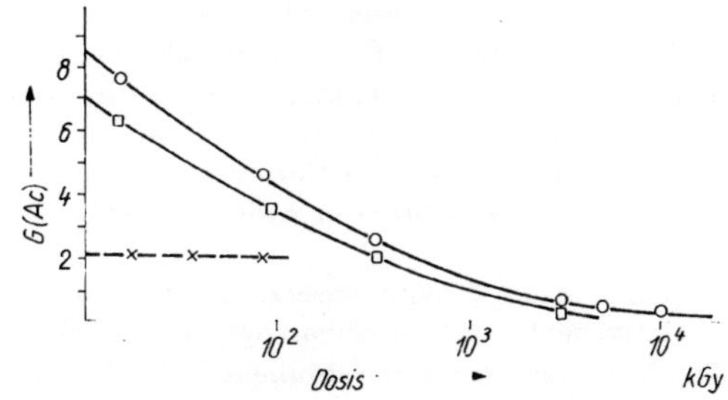

Abb. 2. Ausbeute von Acetaldehyd (Ac) als Funktion der Dosis für Äthanol (I) entgast: ×, Äthanol (I): ○ und Äthanol (II): □

zurückzuführen. Die Abnahme der Bildungsgeschwindigkeit von Acetaldehyd mit zunehmender Bestrahlungsdauer ist erklärbar durch die Abnahme von gelöstem Sauerstoff im Alkohol und damit einer Verringerung der Wirkung folgender Reaktionen:

$$CH_3CHOH + O_2 \rightarrow CH_3CH(OH)\,O_2 \xrightarrow{2x} CH_3CH(OH)OOH + CH_3CHO + O_2 \quad (1)$$

$$CH_3CH(OH)OOH \rightarrow CH_3CHO + H_2O_2 \quad (2)$$

$$e^-_{solv.} + CH_3CHO \rightarrow CH_3CHO^- \quad (3)$$

$$CH_3CHO^- + CH_3CH_2OH_2^+ \rightarrow CH_3CHOH + CH_3CH_2OH \quad (4)$$

und durch wachsende Effektivität der Reaktionen (3) und (4) mit zunehmender Dosis.

Im Gegensatz dazu bleibt der *G*-Wert der Acetaldehydbildung mit 2,1 in entgastem Äthanol im untersuchten Bereich bis 85 kGy unabhängig von der Dosis.

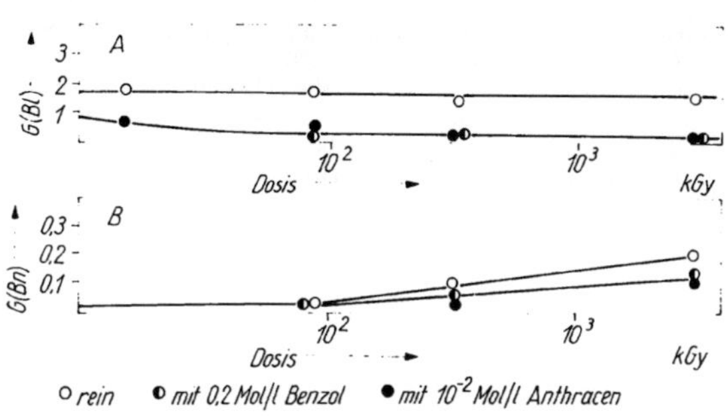

Abb. 3. Ausbeute von 2,3-Butandiol (Bl) in A und 2-Butanon (Bn) in B als Funktion der Dosis für Äthanol (I)

Wie aus Abb. 3 zu ersehen ist, ergibt sich für die Bildung von 2,3-Butandiol ein dosisunabhängiger *G*-Wert von 1,8. Die Ausbeute von 2-Butanon ist bis etwa 100 kGy unabhängig von der Dosis. Danach steigt der *G*-Wert von 0,02 auf 0,2 bei 3 MGy an. Die Ausbeute von Wasser ($G = 0{,}9$) nahm im untersuchten Bereich in Abhängigkeit von der Dosis zu. Beginnend mit Bestrahlungsdosen von 3 MGy waren im Destillationsrückstand der bestrahlten Alkohole polymere Produkte nachweisbar. Bei 11 MGy betrug dieser Anteil 0,4 Gew.-% des Alkohols. IR-Untersuchungen an diesen Proben ergaben Absorptionsbanden im Bereich der Keto- und Hydroxylgruppen sowie der C–C-Doppelbindungen. Für die Bildung von Polymeren mit Polyoxyalkylenstrukturen und Polykohlenwasserstoffketten mit Keto- und Hydroxylgruppen sowie Doppelbindungen kommen von den nachgewiesenen Radiolyseprodukten des Alkohols vor allem die reaktiven Carbonylverbindungen in Frage. Durch strahleninitiierte Polymerisations- und Kondensationsreaktionen von Acetaldehyd, Formaldehyd und den weniger reaktiven Ketonen 2-Butanon und Aceton ist bei der Langzeitbestrahlung der Ablauf folgender Reaktion wahrscheinlich:

Polymerisation:

$$nRCHO \rightarrow \left[\begin{array}{c} R \\ | \\ -C-O- \\ | \\ H \end{array}\right]_n \quad (5)$$

Kondensation:

$$nRCHO \rightarrow \underset{\displaystyle OH}{\underset{|}{RCH}}-CH_2-CHO \rightarrow RCH = CHCHO + H_2O \quad (6)$$

$$RCHO + RCH = CHCHO \rightarrow RCH-\underset{\displaystyle OH}{\underset{|}{R}}-CH = CH-CHO \ldots \quad (7)$$

Die Bildung von Oligomeren (z. B. Paraldehyd, Metaldehyd) ist nicht ausgeschlossen. In den weiteren Versuchen wurden deshalb Möglichkeiten der Beeinflussung vor allem der Verringerung der Ausbeuten der Carbonylverbindungen speziell des Acetaldehyds, durch Zusätze geprüft.

Die Wirkung von Zusätzen auf die Alkoholradiolyse

Als Zusätze kamen Benzol und Anthracen, deren Wirkung auf Energieübertragungsprozessen von angeregten Alkoholmolekülen zum aromatischen Kern beruht, das Antioxydationsmittel Ascorbinsäure und das Reduktionsmittel Natriumborhydrid zur Anwendung. Eine Inhibierung der Acetaldehydbildung konnte bei Langzeitbestrahlung des Alkohols durch diese Zusätze nicht erreicht werden.

Aus Abb. 4 ist ersichtlich, daß die Zusätze Benzol und Anthracen die Acetaldehydausbeute von bestrahltem Äthanol (I) bis zu 10 MGy nicht beeinflussen. Eine Beeinflussung von Acetaldehyd durch Benzol ist dagegen für Äthanol (II) in Abb. 5 zu erkennen. Die Abnahme des Anfangs-*G*-Wertes für Acetaldehyd von 7,0 in reinem Äthanol (II) auf 4 bei Benzolzusatz liegt signifikant außerhalb der

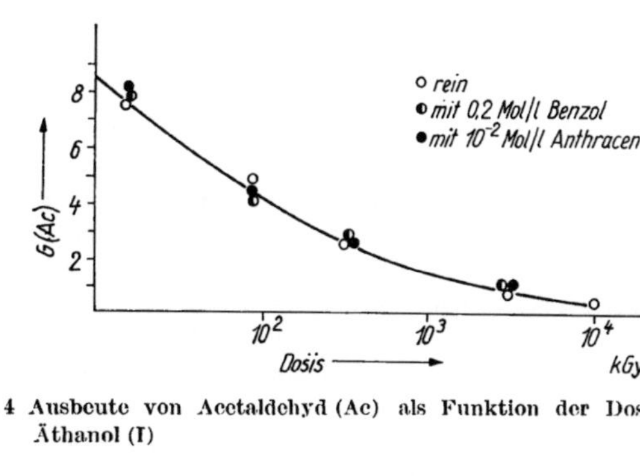

Abb. 4 Ausbeute von Acetaldehyd (Ac) als Funktion der Dosis für Äthanol (I)

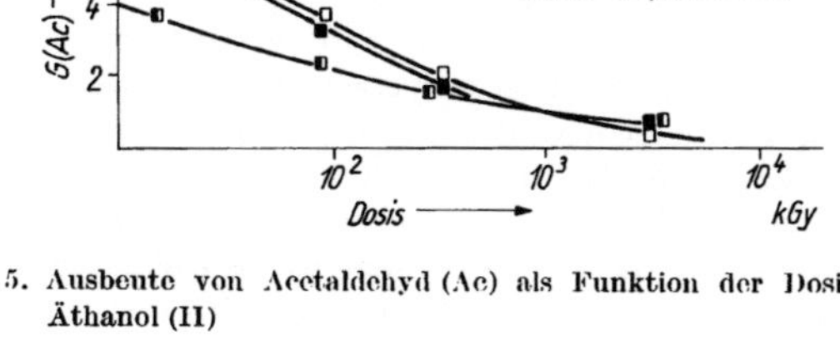

Abb. 5. Ausbeute von Acetaldehyd (Ac) als Funktion der Dosis für Äthanol (II)

Fehlergrenze von $\pm 10\%$. Die Inhibierung ist jedoch nur im Bereich bis etwa 500 kGy und bis hinab zu $G = 2$ wirksam. Wie aus Abb. 2 ersichtlich, ist das der Dosisbereich, in dem noch genügend Sauerstoff im Alkohol vorhanden sein sollte. Es hat den Anschein, daß nur durch die gemeinsame Wirkung von Sauerstoff und Benzol die Acetaldehydausbeute verringert wird.

In Äthanol (I) konnte mit den genannten Zusätzen keine Inhibierung erreicht werden.

Im Dosisbereich $\geqq$ 500 kGy ist die Ausbeute von Acetaldehyd in entgastem und nicht entgastem Äthanol mit $G \sim 2$ gleich groß, d. h., der Sauerstoff in der Lösung ist verbraucht, und die inhibierende Wirkung des Benzols auf die Acetaladehydbildung ist aufgehoben. Der G-Wert von Acetaldehyd ist, wie schon in den Untersuchungen von *Freeman* [1, 2] gefunden wurde, in entgastem Äthanol durch Benzolzusätze nicht zu reduzieren.

Durch alle 4 Zusätze konnten dagegen die Ausbeuten von Butandiol und 2-Butanon verringert werden.

Wie aus Abb. 3A ersichtlich ist, nimmt bei Zusatz von Benzol bzw. Anthracen der Anfangs-G-Wert von 2,3-Butandiol um die Hälfte ab und sinkt mit wachsender Dosis auf 0,1. Aus Abb. 3B ist die Inhibierung der Zunahme der Ausbeute von 2-Butanon mit wachsender Dosis durch Benzol- bzw. Anthracenzusatz zu ersehen.

Auch in den bestrahlten Alkoholen mit Zusätzen wurden, angefangen bei Bestrahlungsdosen von 3 MGy, polymere Radiolyseprodukte gefunden.

förmige, 16 flüssige organische Radiolyseprodukte, Wasser und — bei Dosen über 3 MGy — polymere Produkte. Die durch Bestrahlung von Alkohol unter Luft erhaltenen Radiolyseergebnisse stimmen im wesentlichen mit den Ausbeuten für die als Lagermedium verwendeten Alkohole überein, die mit Gesamtdosen von 10^3 MGy bestrahlt worden waren.

Die quantitative Zusammensetzung der Radiolyseprodukte unterscheidet sich in Abhängigkeit von der Reinheit der Alkohole und der Bestrahlungszeit, d. h. der applizierten Dosis.

Für Folgereaktionen, die zur Bildung hochmolekularer Verbindungen führen, kommen von den entstandenen Radiolyseprodukten vor allem Carbonylverbindungen wie Acetaldehyd in Frage.

Aufgrund der hohen Reaktivität dieser Verbindungen werden durch Gamma-Bestrahlung Polymerisations- und Polykondensationsreaktionen induziert, die bei Langzeitbestrahlung zur Verharzung der Lageralkohole führen.

Infolge des komplexen Charakters der ablaufenden Reaktionen ist der Aufbau der gebildeten Polymeren unübersichtlich, und die Auswahl geeigneter Inhibitoren wird außerordentlich erschwert. Mit den verwendeten Zusätzen wurde zwar die Bildung von Butandiol und 2-Butanon inhibiert, nicht aber die Bildung von Acetaldehyd und damit des polymeren Anteils.

Eingegangen am 11. 2. 1981

Zusammenfassung

Unter Einwirkung der Gamma-Strahlung werden im Äthanol die Primärspezies $CH_3CH_2OH^+$, CH_3CHOH^+, H, e^- und angeregte Teilchen gebildet. Über die Reaktionen dieser Teilchen und den direkten Zerfall von Äthanolmolekülen bilden sich gaschromatographisch nachweisbar 9 gasförmige, 16 flüssige organische Radiolyseprodukte, Wasser und — bei Dosen über 3 MGy — polymere Produkte.

Literatur

[1] *J. J. J. Myron, G. R. Freeman*, Can. J. Chem. **43** (1965) 381
[2] *G. R. Freeman*, NSRDS-NBS-48 (1974)
[3] *J. C. Russell, G. R. Freeman*, J. Phys. Chem. **71** (1967) 755
[4] *S. M. S. Akhtar, G. R. Freeman*, J. Phys. Chem. **75** (1971) 2756
[5] *R. A. Basson*, J. Chem. Soc. A **1968**, 1989
[6] *G. E. Adams, R. D. Sedgewick*, Trans. Faraday Soc. **60** (1964) 865

Informationen

IAEA. Der Generaldirektor der Internationalen Atomenergie-Agentur (IAEA), Dr. *S. Eklund*, bezeichnete in einer Erklärung den israelischen Luftangriff auf das irakische Kernforschungszentrum in Tuwaitha bei Bagdad als ein schwerwiegendes Ereignis mit weitreichenden Folgen. Nach seiner Ansicht sei die IAEA in ihrer langjährigen Tätigkeit noch mit keiner ernsteren Frage konfrontiert worden als mit den Folgen dieses Vorfalls. Offenbar habe der angreifende Staat, der dem Kernwaffensperrvertrag nicht beigetreten sei, kein Vertrauen zur IAEA, ihre Kontrollbefugnisse im Rahmen des Kernwaffensperrvertrags wirkungsvoll ausüben zu können und auszuüben. Somit müsse man unter prinzipiellen Gesichtspunkten zu dem Schluß gelangen, daß auch das Kontrollsystem der IAEA insgesamt angegriffen worden sei.

Dr. *Eklund* wies darauf hin, daß der Irak seit dem Inkrafttreten des Kernwaffensperrvertrags im Jahre 1970 Vertragspartei ist und die Überwachung seiner sämtlichen kerntechnischen Arbeiten durch die IAEA im Rahmen eines mit der IAEA abgeschlossenen Kontrollabkommens akzeptiert hat. Diese Überwachung wurde bisher zufriedenstellend durchgeführt. Die letzte Inspektion des irakischen Kernforschungszentrums fand im Januar 1981 statt, wobei festgestellt wurde, daß alles vorhandene Kernmaterial buchungsmäßig erfaßt war (einschließlich des bisher für die angegriffenen TAMUZ-Reaktoren gelieferten Kernbrennstoffs; TAMUZ-1 ist ein Tank-Schwimmbeckenreaktor mit 40 MW(th) Leistung, TAMUZ-2 — eine kritische Anordnung mit 500 kW(th) Leistung — ist dem Reaktor TAMUZ-1 angeschlossen; als Brennstoff dieser Reaktoren, die von Frankreich geliefert wurden, dient auf 93% angereichertes Uran). Die Inspektion der Reaktoren ergab keinerlei Hinweise auf itgendwelche Arbeiten, die nicht dem Kernwaffensperrvertrag entsprochen hätten.

Nach dieser Erklärung verabschiedete der Gouverneursrat der IAEA eine Resolution über den militärischen Angriff Israels auf das irakische Kernforschungszentrum und seine Folgen für die IAEA. Darin wird u. a. festgestellt, daß

- nach Artikel II der Satzung die IAEA sich bemüht, in der ganzen Welt den Beitrag der Atomenergie zum Frieden, zur Gesundheit und zum Wohlstand zu beschleunigen und zu steigern;
- das unabdingbare Recht aller Mitgliedstaaten der IAEA, die Kernenergie für friedliche Zwecke zu entwickeln,

um ihre wissenschaftliche, technische und wirtschaftliche Entwicklung zu fördern, anzuerkennen ist;
- der Irak das Sicherheitssystem der IAEA voll unterstützt und Partei des Vertrags über die Nichtweiterverbreitung von Kernwaffen ist;
- der Irak seinen Verpflichtungen auf Grund der Sicherheitskontrolle der IAEA im Rahmen des Kernwaffensperrvertrags zur Zufriedenheit der IAEA nachgekommen ist;
- Israel am 7. Juni 1981 einen militärischen Angriff auf das irakische Kernforschungszentrum durchgeführt hat, bei dem die Kernanlagen beschädigt wurden und Menschenleben zu beklagen waren;
- diese militärische Aktion, abgesehen von der Beeinträchtigung der Sicherheit und des Friedens in der Region, eine deutliche Mißachtung des Sicherheitssystems der IAEA und des Kernwaffensperrvertrags beweist und der Entwicklung der Kernenergie zu friedlichen Zwecken zu großem Schaden gereichen könnte.

Auf Grund dieser Tatbestände werden in der Resolution des Gouverneursrates folgende Schlußfolgerungen gezogen und Empfehlungen gegeben:

1. Israel wird wegen dieses vorbedachten und ungerechtfertigten Angriffs auf das irakische Kernforschungszentrum, das der Sicherheitskontrolle der IAEA unterliegt, auf das schärfste verurteilt.
2. Der Generalkonferenz (der IAEA) wird empfohlen, auf ihrer bevorstehenden ordentlichen Tagung alle Auswirkungen dieses Angriffs in Betracht zu ziehen, einschließlich der vorübergehenden Aufhebung der Privilegien und Rechte Israels als Mitglied der Organisation.
3. Die Mitgliedstaaten der IAEA werden auf die Resolution Nr. 35/157 der Gerneralversammlung der Vereinten Nationen, in der die Einstellung jeglicher Weitergabe von spaltbarem Material und Kerntechnologie an Israel gefordert wird, verwiesen.
4. Der Generalkonferenz (der IAEA) wird empfohlen, jede Hilfeleistung an Israel im Rahmen des technischen Hilfsprogramms der IAEA einzustellen.
5. Die Mitgliedstaaten der IAEA werden eindringlich gebeten, dem Irak Notstandshilfe zur Bewältigung der Folgen dieses Angriffs zu leisten.
6. Das Vertrauen in die Wirksamkeit des Sicherheitssystems der IAEA als verläßliches Mittel zur Überprüfung der friedlichen Verwendung einer Kernanlage wird bekräftigt.
7. Der Generaldirektor wird ersucht, diese Resolution dem Sicherheitsrat der Vereinten Nationen zu übermitteln.

30 Mitglieder des Gouverneursrates, darunter die DDR, stimmten der Resolution zu; Kanada und die USA stimmten dagegen; Australien, Schweden und die Schweiz enthielten sich der Stimme.

IAEA. Die Internationale Atomenergie-Agentur (IAEA) hat folgende Präzisierungen hinsichtlich Ort und Termin der für 1982 geplanten Symposien und Konferenzen bekanntgegeben:

- IAEA/NEA International Symposium on the Management of Wastes from Uranium Mining and Milling (Albuquerque, New Mexico, USA; 10—14 May 1982)
- FAO/IAEA International Symposium on Agrochemicals: Fate in Food and the Environment using Isotope Techniques (Rome, Italy; 7—11 Jun 1982)
- IAEA/NEA/CEC International Symposium on the Conditioning of Radioactive Wastes for Storage and Disposal (Netherlands; 14—18 Jun 1982)
- International Symposium on Radioimmunoassay and related Procedures in Medicine (Vienna, Austria; 21—25 Jun 1982)
- 9th International Conference on Plasma Physics and Controlled Nuclear Fusion Research (Baltimore, Maryland, USA; 1—8 Sep 1982)
- International Conference on Nuclear Power Experience (Vienna, Austria; 13—17 Sep 1982)
- International Symposium on Nuclear Power Plant Control and Instrumentation (Munich, F. R. Germany; 4—8 Oct 1982)
- International Symposium on Recent Advances in Nuclear Materials Safeguards (Vienna, Austria; 8—12 Nov 1982)
- International Symposium on the Water Chemistry and Corrosion Problem of Nuclear Reactor Systems and Components (Vienna, Austria; 22—26 Nov 1982).

IAEA. In Nummer 3/1981 der IAEA-Publikation „Meetings on Atomic Energy“ werden die Hauptthemen des vom 10. bis 14. Mai 1982 in Albuquerque, New Maxico (USA) stattfindenden „International Symposium on Management of Wastes from Uranium Mining and Milling“ (gemeinsam durchgeführt mit der NEA der OECD) genannt:

- Perspectives, principles, objectives and criteria for management and disposal of wastes from urarium and thorium mining and milling
- Considerations affecting waste management and disposal (including waste conditioning) (a.o. significance of ore mineralogy; analytical review of characteristics of the wastes which govern properties with important environmental consequences, behaviour or implications; critical review of all aspects of mining and milling operations relevant to waste management and disposal)
- Waste water management, treatment, and disposal (a.o. review of water quality objectives and criteria, and requirements for wastewater treatment in the light of environmental and radiological protection philosophy; review of technology for waste water management, treatment and disposal
- Site selection, investigation and evaluation for waste management and disposal facilities (a.o. review of desirable site characteristics, review of site investigation and evaluation procedures incl. for long-term safety assessment, and geologic and geomorphological analysis)
- Engineering of waste disposal facilities (a.o. review of feasible engineering alternatives; review of state-of-art of long-term assessments procedures, and contaminant release and geomorphological analysis as applied to feasible engineering alternatives; review of history, frequency, causes and consequences of dam failures and implications)
- Environmental impact and safety analysis (a.o. safety assessments, modelling, critical pathway analysis, optimization; guidelines or codes of practice on environmental impact assessment and safety assessment procedures)

– Monitoring and surveillance (a.o. pre-operational environmental studies; operational and post-operational environmental monitoring; problems, concepts, requirements and techniques for long-term monitoring or surveillance)
– Decommissioning and rehabilitation (a.o. performance objectives and criteria; experiences in technology development; guidelines or codes of practice)
– Panel discussion and overview of the conference.

DDR. Neue Reports des Staatlichen Amtes für Atomsicherheit und Strahlenschutz (SAAS) der DDR:

SAAS-271 Mode of the medical supervision of occupationally exposed persons in the German Democratic Republic (Modus der medizinischen Überwachung beruflich strahlenexponierter Personen in der Deutschen Demokratischen Republik — *W. Schüttmann*)

SAAS-273 Theoretische und experimentelle Bestimmung von Temperaturfeldern in einem elektrisch erhitzten Salzblock (Theoretical and experimental determination of temperature fields within an electrically heated salt block — *A. Böttcher, W. Noack*)

SAAS-274 Strahlungsfelder in Steinsalz bei der Endlagerung radioaktiver Abfälle (Radiation fields in rock salt resulting from buried radioactive waste — *H. Kaschenz* u. a.).

UdSSR. Neue Publikationen des Verlages „Atomisdat“:
Atome und Mesonen (*W. G. Kirillow-Ugrjumow* u. a. — 216 S.);
Kerngeophysikalische Erkundung (*W. A. Arzybaschew* — 321 S.);
Radioisotopengeräte für die technologische Kontrolle (*A. W. Pugatschew* u. a. — 96 S.);
Chemische Laser (*W. K. Ablekow* u. a. — 224 S.);
Statistische Meßmethoden in der experimentellen Kernphysik (*A. W. Potapow, A. F. Tschernjawski* — 264 S.);
Messung der Parameter von Bündeln geladener Teilchen (*W. A. Moskalew* u. a. — 148 S.);
Aero-geophysikalische Methoden für die Prognostizierung von Uranlagerstätten (*A. I. Krasnow* u. a. — 129 S.);
Hydrogene Uranlagerstätten. Theoretische Grundlagen ihrer Entstehung (*S. G. Batulin* u. a. — 270 S.);
Spektrometrische Isotopenanalyse des Wasserstoffs und Bestimmung von Wasserstoff in Metallen (*T. G. Fedorow* — 120 S.).

UdSSR. Nummer 2/1981 der Zeitschrift „Atomnaja energija“ enthält u. a. folgende Beiträge:
Atomwissenschaft und -technik für die Volkswirtschaft des Landes (*A. K. Kruglow*);
Gewährleistung der Sicherheit von Kernenergieanlagen (*W. A. Sidorenko, O. M. Kowalewitsch*);
Entwicklung der wissenschaftlich-technischen Grundlagen für schnelle Leistungsreaktoren (*M. F. Trojanow*);
Stand und Perspektiven der Entwicklung von Brennelementen für KKW mit thermischen und schnellen Reaktoren (*F. G. Reschetnikow*);
Fragen der Wiederaufarbeitung von abgebranntem KKW-Brennstoff (*A. S. Nikiforow, W. I. Semljanuchin, W. S. Schmidt*);
Behandlung radioaktiver Rückstände von KKW und aus der Wiederaufarbeitung abgebrannter Kernbrennstoffe (*A. S. Nikiforow* u. a.);

Kurze Originalmitteilungen:

Transformierung der Spektren vielfach gestreuter Gammastrahlung in verschiedenen Medien (*W. A. Arzybaschew*);
Zur Ausarbeitung einer Methode für die Prognostizierung der Strahlenverfärbung optischer Materialien unter der Einwirkung von Elektronen (*A. P. Balaschow, J. A. Berdnikow*);
Modellierung der Zufallsenergie eines durch den *Compton*-Effekt gestreuten Gammaquants (*P. A. Androsenko, G. W. Popowa*);
Elektrische Leitfähigkeit von Schmelzen aus Drei- und Vierkomponentensystemen mit Fluoriden des Urans, Thoriums, Berylliums und Lithiums (*W. N. Desjatnik* u. a.);
Optische Strahlenbeständigkeit von Ga_2Se_3-Kristallen im IR-Bereich des Spektrums (*L. P. Galtschinezki* u. a.);
Charakter der Abscheidung von Kernbrennstoff auf der Oberfläche des ersten Kreislaufs eines natriumgekühlten Reaktors (*W. P. Korolewa, P. S. Otstawnow*);
Eine gammaspektrometrische Methode zur Uranbestimmung in Gesteinen mit gestörtem radioaktiven Gleichgewicht (*Pham Sui Chien* u. a.);
Qulatitätskoeffizienten von Elektronenstrahlung bei der inneren Bestrahlung des Menschen (*W. I. Popow* u. a.).

Großbritannien. Die in Windscale geplante Anlage für die Verglasung flüssiger hochaktiver Rückstände aus der Wiederaufarbeitung abgebrannter Brennelemente wird auf der Grundlage der Technologie des Atelier de Vitrification de Marcoule (AVM — Frankreich) gebaut werden. Sie soll 1987 in Betrieb genommen werden. Entsprechende Verhandlungen zwischen der British Nuclear Fuels Ltd. (BNFL) und der französischen Cogéma wurden abgeschlossen. Damit wurde dem kontinuierlichen AVM-Verfahren der Vorzug gegenüber dem von der BNFL entwickelten diskontinuierlich arbeitenden Harvest-Prozeß gegeben. Die Kosten der Anlage werden auf 100 Mill. £ veranschlagt.

Mit dieser ersten Windscale-Verglasungsanlage sollen die hochaktiven Rückstände aus der seit vielen Jahren laufenden Wiederaufarbeitung von Brennelementen aus Natururanreaktoren verarbeitet werden. Für die Verglasung der Rückstände aus der Wiederaufarbeitungsanlage für Leichtwasserreaktor-Brennstoff (THORP), mit deren Bau 1982 begonnen werden soll, könnte eine weitere AVM-Anlage in Windscale errichtet werden.

Frankreich. Gute Erfolge hat Frankreich bei der Realisierung seines Programms zur Beseitigung radioaktiver Rückstände erzielt, insbesondere bei der Verglasung und Lagerung hochaktiver Rückstände.

Das in Marcoule entwickelte AVM-Verglasungsverfahren (AVM = Ateliers de Vitrification de Marcoule) hat sich in der Praxis gut bewährt. Die in der mit hoher Auslastung arbeitenden Anlage erzeugten Glasblöcke mit Rückständen aus militärischen und zivilen gasgekühlten Reaktoren werden zunächst mehrere Jahre oberirdisch gelagert und dann in Behältern aus rostfreiem Stahl in ein unterirdisches Lager gebracht. Dort werden sie in luftgekühlten Betonröhren in ca. 10 m Tiefe aufbewahrt. Für die Langzeitlagerung werden Granitformationen als besonders aussichtsreich betrachtet.

Die niedrig- und mittelaktiven Rückstände werden z. Zt. im Centre du Stockage de la Manche (CSM) in der Nähe der Wiederaufarbeitungsanlage La Hague gelagert. Als Standort für die geplante Anlage CSM-2 wurde ein stillgelegtes Uranbergwerk in der Nähe von Saint-Etienne ins Auge gefaßt. Die Einlagerung erfolgt in Fässern bzw. Betonbehältern, die mit Ton abgedeckt werden.

Brasilien/Frankreich. Zwischen der Uranium PUK (Frankreich) und Nuclebras (Brasilien) wurde ein Abkommen über die technische Zusammenarbeit auf dem Gebiet der Konversion von Urankonzentrat in Uranhexafluorid abgeschlossen. Eine Konversionsanlage wird von der Nuclebras in Resende (Rio) errichtet, die 1985 mit einer vorläufigen Jahreskapazität von 500 t in Betrieb gehen soll. Später ist eine Kapazitätserhöhung auf 2000 t/a vorgesehen. Die französische Seite liefert die Prozeßtechnik und Teile der Ausrüstung, leistet Ingenieurdienste und Hilfe bei der Ausbildung des Personals und übernimmt die Errichtung und das Anfahren der Anlage.

USA. In einem vom Department of Energy (DOE) ausgearbeiteten Gutachten über die Umweltverträglichkeit der Lagerung radioaktiver Rückstände (Environmental Impact Statement — EIS) wird der Bau von bergwerksähnlichen Lagerstätten in tiefliegenden geologischen Formationen als beste Lösungsvariante bezeichnet. Weiterhin sollen die Lagerungsmöglichkeiten unter dem Tiefseeboden in sehr tiefen Bohrlöchern (8—12 km Tiefe) sowie (für langlebige Nuklide) die Beförderung in den Weltraum untersucht werden.

Gleichzeitig wird empfohlen, die Lagerung radioaktiver Rückstände unter Meeresinseln in großer Tiefe, das Einpumpen in zerklüftete Felsformationen und die Lagerung in Polareisschichten nicht weiter zu untersuchen.

USA. Zwischen den USA und der VR China wurde ein Abkommen über die Erweiterung der Zusammenarbeit auf dem Gebiet der Hochenergiephysik unterzeichnet. Danach werden über 200 chinesische Physiker in amerikanischen Laboratorien arbeiten, um Erfahrungen bei der Errichtung von Großbeschleunigern zu sammeln, die beim Bau eines 50-GeV-Protonensynchrotrons in der Nähe von Peking genutzt werden sollen.

USA. In den Sandia-Laboratorien wird ein umfangreiches werkstofftechnisches Forschungsprogramm zur Ermittlung von Materialien durchgeführt, die für den Bau von Lagerbehältern für flüssige radioaktive Rückstände geeignet sind. Diese Konstruktionswerkstoffe sollen eine Langzeitstabilität gegenüber chloridhaltigen Medien von 300—600 Jahren aufweisen. Zur Zeit wird das Korrosionsverhalten der Titanlegierungen Ti-50 A und Ti Code-12 unter diesen Gesichtspunkten untersucht.

Kanada. Die kanadische Regierung gab ihre vorläufige Zustimmung zur Finanzierung der Ausarbeitung der physikalischen Grundlagen für einen medizinischen Beschleunigerkomplex mit einem Synchrotron zur Beschleunigung schwerer Ionen mit der Atommasse um 40 auf Energien bis 600 MeV/Nukleon. Der Beschleunigerkomplex, dessen Inbetriebnahme für 1985 geplant ist, soll für strahlentherapeutische, radiographische, kernphysikalische und biologische Zwecke eingesetzt werden.

Japan. Im Rahmen der japanischen Pläne für den Aufbau eigener industrieller Urananreicherungskapazitäten auf der Basis der Gaszentrifugen-Technologie wurde im Oktober 1980 die zweite Ausbaustufe der Pilot-Anreicherungsanlage Ningyo-Tohge abgeschlossen, die nunmehr 4000 Zentrifugen besitzt. Die Anlage gehört der halbstaatlichen Power Reactor and Nuclear Fuel Development Corporation (PNC). Bis Ende 1981 sollen weitere 3000 Gaszentrifugen installiert sein. Mit dieser Kapazität könnte dann der Bedarf eines 600-MWe-Kraftwerks an angereichertem Uran gedeckt werden.

Inzwischen sind Bemühungen der 9 privaten Elektrizitätsunternehmen des Landes im Gange, zusammen mit interessierten Industriefirmen ein Konsortium für die Errichtung einer kommerziellen Urananreicherungsanlage mit Gaszentrifugen auf der Grundlage der von der PNC entwickelten Technologie zu bilden.

Marokko. In Marokko sollen drei Anlagen zur Gewinnung von Uranoxid aus den Rückständen der Phosphorsäureproduktion errichtet werden. Der Bau der ersten derartigen Anlage mit einer Produktionskapazität von 200 t Uran/a wird noch 1981 begonnen; ihre Inbetriebnahme ist für 1982 vorgesehen.

IAEA In Nummer 2/1981 der vierteljährlich erscheinenden IAEA-Publikation „Meetings on Atomic Energy“ werden die Hauptthemen des vom 19. bis 23. Oktober 1981 in Madrid (Spanien) stattfindenden „International Symposium on the Application of the Dose Limitation System in Nuclear Fuel Cycle Facilities and other Radiation Practices“ (gemeinsam organisiert mit der WHO, der NEA/OECD und der ICRP) genannt:

The application of the dose limitation system to workers in the nuclear fuel cycle for power production, including waste treatment, waste disposal, and decommissioning of facilities;

The application of the dose limitation system to members of the public who may be irradiated due to the release of radioactive material to the environment, e.g. atmospheric, hydrological or geological releases;

The application of the dose limitation system to workers and the public in activities other than those associated with nuclear power production, e.g. industrial radiography, research institutes, research reactors, production of radioisotopes and consumer products;

The application of the dose limitation system to patients requiring diagnostic or therapeutic procedures involving ionizing radiation, as well as to workers in the field of medical applications of radiation;

The application of the dose limitation system to the transportation of radioactive materials;

The application of the dose limitation system in abnormal situations, including the incorporation of the recommendations in existing emergency schemes, and their application to the recovery operations;

The application of the recommendations to activities involving either high natural background or to operations and practices which enhance natural background radiation;

The application of the recommendations to recovery operations.

Einladungsvorträge sind zu folgenden Themen vorgesehen:

The design requirements for complying with the dose limitation system;

Operational requirements associated with the dose limitation system;
Modifications which are required to be made to existing design of installations, apparatus or practices in order to comply with the new recommendations;
Monitoring requirements;
Regulatory implications and requirements.

IAEA/Österreich. Vom 13. bis 17. September 1982 veranstaltet die Internationale Atomenergie-Agentur (IAEA) im Kongreßzentrum in der Wiener Hofburg eine „Internationale Konferenz über drei Jahrzehnte Kernenergie", die dazu beitragen soll, ihren Mitgliedstaaten auf der Grundlage der bisher weltweit gesammelten Erfahrungen auf dem Gebiet der Kernenergetik zu einem fundierten Urteil über die technischen, wirtschaftlichen und Sicherheitsaspekte der künftigen Nutzung der Kernenergie zu verhelfen. Gleichzeitig soll die Konferenz wertvolle Unterlagen für folgende internationale Tagungen liefern, die für 1983 anberaumt sind:

- Dritte Europäische Konferenz über Kernenergie (Brighton, April 1983);
- Internationale Konferenz der Vereinten Nationen zur Förderung der internationalen Zusammenarbeit bei der friedlichen Nutzung der Kernenergie (1983);
- 12. Weltenergiekonferenz (New Delhi, September 1983).

IAEA. Der Generaldirektor der Internationalen Atomenergie-Agentur (IAEA), Dr. *S. Eklund*, gab folgende Neuernennungen bekannt:

- *A. Semenov* (UdSSR) zum Stellvertretenden Generaldirektor und Leiter der Hauptabteilung für Technische Operationen;
- *C. Herzig* (Großbritannien) zum Direktor der Abteilung für Auswärtige Verbindungen an der Hauptabteilung für Verwaltung;
- *A. Schoenhaut* (USA) zum Direktor der Finanz- und Budgetabteilung an der Hauptabteilung für Verwaltung;
- *L. Issaev* (UdSSR) zum Direktor der Abteilung für Auswertung von Informationen über Sicherheitskontrolle an der Hauptabteilung für Sicherheitskontrolle;
- *J. Quartey* (Ghana) zum Direktor der Abteilung für Technische Hilfe an der Hauptabteilung für Technische Hilfe und Publikationen.

IAEA. Nummer 1/1981 des vierteljährlich erscheinenden „International Atomic Agency Bulletin" enthält folgende Beiträge:

Investigating water resources of the desert: how isotopes can help (*R. Gonfiantini*);
Safety in transport of radioactive materials — the next 10 years (*R. Barker*);
Direct access to INIS (*I. S. Zheludev, A. G. Romanenko*);
The application of modern methods and techniques in safeguards operations (*A. von Baeckmann*);
The scientist's role in the nuclear debate (*F. P. Blackstein*);
The work of the International Laboratory of Marine Radioactivity (*A. Walton*);
Second look at non-proliferation discovers divergent views;
UN looks forward to 1983 conference on nuclear energy.

Tagungsberichte:

International conference on current nuclearpower plant safety issues (Stockholm, Oktober 1980);
International symposium on combination processes in food irradiation (Colombo/Sri Lanka, November 1980);
International symposium on medical radionuclide imaging (Heidelberg/BRD, September 1980);
Symposium "Impacts of radionuclide releases into the marine environment (Wien, Oktober 1980);
International symposium on biomedical dosimetry: physical aspects, instrumentation, calibration (Paris, Oktober 1980).

Es wird auf folgende neue Publikationen der IAEA hingewiesen:

Elemental analysis of biological materials — Current problems and techniques with special reference to trace elements (Techn. Rep. Series No. 197-STI/DOC/10/197);
Radiobiological equivalents of chemical pollutants (Planel Proc. Series-STI/PUB/544);
Isotope and radiation research on animal diseases and their vectors (Proc. Series-STI/PUB/525);
Soil nitrogen as fertilizer or pollutant (Planel Proc. Series STI/PUB/535);
CIAMDA 80 — An index to the literature on atomic and molecular collision data relevant to fusion research (STI/PUB/555).

DDR. Das Zentralinstitut für Isotopen- und Strahlenforschung (ZfI), 7050 Leipzig, Permoserstr. 15, der AdW der DDR gibt unter der Bezeichnung "ZIDIS" ein neues Informationsmittel heraus, das die bis Ende 1978 erschienene „ZIDIS-Information" mit veränderter Zielstellung fortsetzt und auch für die ehemaligen Bezieher der „Isotope Titles" von Interesse ist.

Im Rahmen der Edition ZIDIS sollen vorrangig solche Informationsquellen ausgewertet werden, die über Fonds bzw. Themenbereiche des INIS (International Nuclear Information System) der IAEA hinausgehen. Damit soll in Ergänzung zu INIS, das in der DDR weiterhin vom Staatlichen Amt für Atomsicherheit und Strahlenschutz (SAAS) der DDR repräsentiert wird, ein Beitrag zur noch besseren Befriedigung des Informationsbedarfes der Isotopenanwender auf allen Gebieten geleistet werden.

ZIDIS stellt einen hauptsächlich mit ausgewählten INIS-Deskriptoren indexierten Referatedienst im Karteikartenformat A 6 dar. Die aperiodisch erscheinenden Ausgaben enthalten ein auf das jeweilige Heft bezogenes Autoren- und Deskriptorenregister.

Nachfolgend ein Beispiel für ein ZIDIS-Referat:

A0306 ZIDIS
Behrendt, E.
Uransuche mit Satellitenfotos
Technische Rundschau (Bern) **71** (1979) 46, S. 47
(Mikrofiche L 19-80-015039)

Deskriptoren: uranium; prospecting; usa
Die United States Geological Survey (USGS) will mit Hilfe von Satellitenfotos nach Uranerz suchen. Das Projekt geht davon aus, daß der Strauch Sagebrush (Artemisia tridentata) mit Vorliebe auf alkalischem Boden ansiedelt, wo in tieferen Schichten Uranerz vorkommt. Das gelte für Bodenformationen, die durch

relativ geradlinige langgestreckte Hügelketten gekennzeichnet sind, unter denen in Felsspalten das Grundwasser Uraniumerzpartikel abgelagert hat. Eine solche Oberflächengestaltung, d. h. Kombination von Sagebrush und linearen Hügelketten, ist auf Satellitenfotos gut zu erkennen. So wurde ein 130000 km² großes Gebiet, das Powder-River-Bassin (Wyoming und Montana) ausgemacht, in dem man nun systematisch nach Uranerzablagerungen sucht.

Für alle Literaturhinweise, die mit der Mikrofichekennzeichnung (L 19 ...) versehen sind, können interessierte DDR-Institutionen über die zuständige Informationsstelle Mikrofiches bei der Abt. Bibliothek und Reprographie des ZfI anfordern. Solche Literaturanforderungen sind auf den beim VV Freiberg erhältlichen Vordrucken (Best.-Nr. 10292) aufzugeben, wobei jeweils in der Rubrik „Signatur" die Mikrofichekennzeichnung einzusetzen ist. Für DDR-Bezieher erfolgt vorerst keine Berechnung.

Über die Bezugsmöglichkeiten und -konditionen von ZIDIS gibt der Herausgeber (ZfI) Auskunft.

DDR. In der Reihe der Berichte des Zentralinstituts für Isotopen- und Strahlenforschung der AdW der DDR (ZFI-Mitteilungen) sind erschienen:

Nr. 34 (1980): Die Effektivität der Anwendung der Isotopen- und Strahlentechnik in der Volkswirtschaft (Vorträge einer RGW-Konferenz zur Effektivität der Anwendung von Radioisotopenmethoden und -geräten sowie der Strahlentechnik, 22.—25. April 1980 in Halle/DDR — *in Russisch*).

Vorträge:

Die Effektivität der Anwendung der Isotopen- und Strahlentechnik in der Volkswirtschaft — methodische Probleme (*L. Jankowski* — DDR);
Eine Datenbank zur Anwendung der Isotopen- und Strahlentechnik (*L. Jankowski, S. Töpfer, A. Pfund* — DDR);
Einige Aspekte der weiteren Entwicklung von Isotopenforschung und -technik (*L. Jankowski* — DDR);
Die Effektivität bei der Einführung von Isotopen-Dichtemessern in der Zuckerindustrie (*J. Wiśniewski* u. a. — VRP);
Der Effektivitätsgrad bei der Einführung einer Technologie zur Herstellung von Erzeugnissen aus strahlenmodifiziertem Polyäthylen (*E. Weźranowski* u. a. — VRP);
Eine ökonomische Bewertung der Optimierung von Harnstoffreaktoren mittels Methoden der Radioisotopenforschung (*T. Walencki* u. a. — VRP);
Einige Aspekte der Effektivität der Anwendung der Isotopen- und Strahlentechnik in der ČSSR (*L. Cizek* — ČSSR).

Nr. 35 (1981): Primary Processes of the Radiation-Induced Cationic Polymerization of Aromatic Olefins Studied by Pulse Radiolysis (*O. Brede* u. a.);
Untersuchungen zur Reaktionskinetik kationischer Primärprodukte in unpolaren Lösungen (*W. Naumann* u. a.).

DDR. Der Leipziger Kommissions- und Großbuchhandel (LKG) hat den Literaturkatalog 1981 „Fremdsprachige Literatur" für Naturwissenschaften und Medizin herausgegeben (Redaktionsschluß: Februar 1981). Er ist untergliedert nach den Sachgebieten Physik, Chemie, Biologie, Geologie/Astronomie und Medizin und enthält ferner ein Titel- und Autorenverzeichnis, ein Verzeichnis der Reihen, ein Verzeichnis der Zeitschriften (VR Bulgarien, Koreanische VDR, SR Kuba, Mongolische VR, VR Polen, SR Rumänien, Sowjetunion, ČSSR, Ungarische VR, SR Vietnam) sowie eine Übersicht über Neueingänge nach Redaktionsschluß.

UdSSR. Nummer 3/1981 der Zeitschrift „Atomnaja energija" enthält u. a. folgende Beiträge:

Zustand der metallischen Oberflächen der Systeme von KKW mit RBMK-1000 nach der Montage (*W. M. Sedow* u. a.);
Blistering einer porösen Oberflächen-Materialschicht (*I. N. Afrikanow* u a.);
Die mittlere Zahl prompter Neutronen bei der Spaltung von ^{237}Np-Kernen durch Neutronen (*W. G. Worobewa* u.a.);
Vergleich der Meßmittel für das Neutronenspektrum und die Strahlendosis am IBR-30 (Arbeitsgruppen des VIK Dubna und aus Forschungseinrichtungen der DDR, der UdSSR, der SRR und der ČSSR);

Kurze Originalmitteilungen:

Einfluß von Strahlung auf den Meßfehler von Thermoelementen (*M. N. Korotenko* u. a.);
Untersuchung der Anisotropie der Wärmedehnung von Brennelement-Hüllrohren aus der Legierung Zr — 1% Nb (*W. I. Soljany* u. a.);
Verhalten von Mikrorissen bei der Neutronenbestrahlung von Molybdän (*L. N. Larikow; J. A. Maksimenko*);
Berechnung der Ausbeute von schnellen sekundären Elektronen unter der Einwirkung von Röntgenstrahlung (*A. F. Adadurow; W. T. Lasurik*);
Einfluß der Phasenzusammensetzung des Einspeisestromes auf die Berechnung der Deuterium-Rektifizierung (*A. S. Jarmolik*);
Elektronenmikroskopische Beobachtung des Blistering an mit Heliumionen bestrahlten Aluminiumfolien (*W. I. Bendikow* u. a);
Über einige Charakteristika der Photospaltung von ^{235}U, ^{238}U und ^{237}Np im Bereich der gigantischen Resonanz (*P. P. Granitsch; D. I. Sikora*).

***

25 Jahre Wissenschaftliches Forschungsinstitut für Atomreaktoren „W. I. Lenin" (*W. A. Zykanow*).

Großbritanninen. Neue UKAEA-Reports:

AEEW-R 1359	The determination of the residual plutonium masses in glove boxes, by remote measurements using solid thermoluminscent dosemeters (*H. E. Preston, W. J. Symons*)
AERE-R 9022	High resolution γ spectra of 40—44 MeV γ photon activation products. Part 3. A summary of γ rays, radionuclides and nuclear interferences observed (*D. R. Williams, J. S. Hislop*)
AERE-R 9367	Variable dead time counters. 2. Computer simulation (*B. W. Hooton, E. W. Lees*)
AERE-R 9764	Improvements to a flame photometric detector to allow measurement of sulphur gases in ambient air (*B. M. R. Jones, S. A. Penkett*)

AERE-R 9802 The development of instrumentation for nondestructive testing (*M. C. B. Russell*)

AERE-R 9815 The calculation of methane profiles in AGR graphite structures. Part 1. Cylindrical geometry (*R. L. Faircloth*)

AERE-R 9871 Semi-automated testing of proportional counters (*S. J. Sangwine*)

AERE-R 9857 Studies of environmental radioactivity in Cumbria. Part 3. Measurements of radionuclides in airborne and deposited material (*N. J. Pattenden* u. a.)

AERE-R 9995 Code of practice and design principles for portable and transportable radiological protection systems (*F. H. Wells, R. G. Powell*)

ND-R 467(S) (pt. 1) Small-angle neutron-scattering experiments. Part 1. Use of the Harwell small-angle diffractometer (*A. D. Hardy, M. W. Thomas*).

Buchbesprechungen

Halbleiter-Schaltungstechnik

U. Tietze/Ch. Schenk. Berlin — Heidelberg — New York: Springer-Verlag 1980, 5., überarb. Aufl.; XII + 734 S., Ganzgewebeeinband DM 98,— ; US $ 57,90

Der „Tietze/Schenk", der nunmehr in fünfter, wiederum bearbeiteter Auflage vorliegt, behauptet seit seinem erstmaligen Erscheinen im Jahre 1969 einen festen Platz als ein Standardwerk zur modernen elektronischen Schaltungstechnik. Der Hauptvorzug des Bandes besteht sicher in der von den Autoren verwendeten Methode der Schaltungsanalyse, die nebensächliche Effekte von vornherein bewußt übergeht und dadurch das Wesentliche um so deutlicher hervortreten läßt. Analoge und digitale Schaltungen werden gleichberechtigt behandelt, wobei der Einsatz auch modernster integrierter Schaltkreise bis hin zum Ein-Chip-Mikrocomputer im Mittelpunkt steht.

Das Buch ist in die Hauptteile „Grundlagen" und „Anwendungen" gegliedert. Der erstgenannte Teil enthält Kapitel über passive RC- und LRC-Netzwerke, Dioden, Transistoren, Operationsverstärker, Kippschaltungen, logische Grundschaltungen und optoelektronische Bauelemente. Im zweiten Hauptteil werden zunächst lineare und nichtlineare Analogrechenschaltungen, gesteuerte Quellen und Impedanzkonverter, aktive Filter, Breitbandverstärker, Leistungsverstärker und Stromversorgungsblöcke diskutiert. Weiter folgt dann die Besprechung von Analogschaltern und Komparatoren, Signalgeneratoren, kombinatorischer und sequentieller Logik, Mikrocomputern, digitalen Filtern, Datenübertragung und -anzeige, DA- und AD-Wandlern, Meßschaltungen und elektronischen Reglern. Ergänzt werden die Darlegungen durch ein umfangreiches Literaturverzeichnis.

Auf Grund des weitgefächerten Spektrums der behandelten Schaltungsprobleme und der gut verständlichen Darstellungsweise wird das Buch sowohl für den schon routinierten Entwickler von Schaltungen als auch den unerfahrenen Anfänger auf diesem Gebiet von Interesse sein. Seine Anschaffung kann aus guten Gründen allen Einrichtungen, die Literatur über Elektronik sammeln, empfohlen werden.

D. Pabst

Anglo-amerikanische und deutsche Abkürzungen Umweltschutz

P. Wennrich. München — New York — London — Paris: K. G. Saur 1980, 624 S.; kart. DM 80,—

Das Buch enthält ein Verzeichnis von etwa 40000 Abkürzungen auf dem Gebiet des Umweltschutzes. Es ergänzt die große Ausgabe „Anglo-amerikanische und deutsche Abkürzungen in Wissenschaft und Technik" für den Bereich Umweltschutz und angrenzende Gebiete.

Gesammelt wurden insbesondere Abkürzungen von allgemeinen Fachbegriffen, Grundstoffen, chemischen Verbindungen und Verfahren, biologischen und medizinischen Bezeichnungen, staatlichen und privaten Organisationen, Institutionen, Komitees, Administrationen, physikalischen Größen und von Zeitschriften.

Es ist leider eine Tatsache, daß im Schrifttum zunehmend mehr willkürlich gewählte Abkürzungen Verwendung finden, die dem Leser unverständlich sind und von internationalen Festlegungen — wie etwa dem SI-System — in vielen Fällen abweichen. Abgesehen davon, daß einzelne Abkürzungen für sehr viele Begriffe stehen (z. B. das F in diesem Buch für ca. 60 verschiedene Begriffe von Fahlerde über Färsenleistung, Fetthering, Flammofen, Flügelfläche, Föhre, Fruchtknoten bis hin zu Futterbautyp), sind viele Abkürzungen unpassend, unüblich und wenig verständlich. Beispiele dafür sind:

CTRL	=	Control
HebDO	=	Dienstordnung für Hebammen
HKZW	=	Harzer Kalk- und Zementwerk
m. l	=	mit Lauch
Na	=	Nadir, Naturfaser
n. d. E	=	nach dem Essen
WA +	=	zuviel Wasser
Wa —	=	zuwenig Wasser
WESSZ	=	doppelte westeuropäische Sommerzeit
z. S.	=	zur See
Zw	=	Zwiebel

Obwohl man solchen unpassenden Abkürzungrn eher entgegentreten sollte als sie einzuführen, war es wohl das Ziel des Autors, ein wenig Klarheit in die verwendeten Kürzel zu bringen. Insofern ist dieses Anliegen grundsätzlich zu begrüßen. Vielleicht hätte man bei der Auswahl der Objekte etwas kritischer sein können. Auch der Inhalt wird dem Titel „... Abkürzungen Umweltschutz" nur bedingt gerecht, wenn man bedenkt, daß bei nur 40000 Abkürzungen neben den obengenannten Begriffen auch solche wie

hdgew	=	handgewebt
NA	=	Nachauflaufanwendung
VzFdR	=	Verein zur Förderung der Reisetaubenzucht
Whs	=	Warenhaus
Whs	=	Wirtshaus
ZN	=	Zimmernachweis

aufgenommrn wurden. Insgesamt gesehen hat dieses Buch trotz allem seinen Nutzen in den verschiedensten Wissenschaftsbereichen. Es wird wohl auch in einzelnen Fällen dem Leser schwer verständliche Abkürzungen erläutern und somit eine vorhandene Lücke füllen können.

H. Koch

Handbook of Environmental Isotope Geochemistry Vol. 1. The Terrestrial Environment

Hrsg.: P. Fritz u. J. Ch. Fontes. Amsterdam — Oxford — New York: Elsevier Scientific Publishing Company 1980; 545 S., 190 Abb., 18 Tab.; geb. U$ 90.25; Dfl 185.00

Dies ist der 1. Band einer insgesamt 5bändigen Ausgabe eines Handbuches der Umwelt-Isotopengeochemie. Wenn auch die allgemeinste Definition der Geochemie und damit auch der Isotopengeochemie die Umwelt mit einschließt, so scheint es doch nicht nur aus didaktischen Gründen zweckmäßig zu sein, den Aspekt Umwelt im Sinne von abgrenzbaren Ökosystemen (terrestrischen und aquatischen) zu betonen. Das Anliegen des Handbuches zielt deutlich in diese Richtung und schließt auch anthropogene Einflußfaktoren auf die Umwelt ganz bewußt mit ein.

An dem vorliegenden 1. Band haben einschließlich der Herausgeber 16 international renommierte Wissenschaftler mitgearbeitet und in 12 Kapiteln und einer allgemeinen Einleitung den gegenwärtigen Wissensstand mit Sachkunde und Aktualität dargestellt. Behandelt im Sinne der isotopischen Veränderungen werden — in Stichworten — der Kreislauf des Wassers, die Inhaltstoffe des Wassers, die Eis/Schnee-Hydrologie bzw. Glaziologie, ferner der organische Kohlenstoff mit seinen Isotopenvariationen in Pflanzen, Sedimenten und fossilen Brennstoffen, die Isotopenvariationen des N und S jeweils in der Bodenzone und im Grundwasser einschließlich der Verfolgung von anthropogenen Quellen in der Umwelt. Bis auf wenige Ausnahmen werden keine methodischen Angaben über die Bestimmung von natürlichen Isotopenverhältnissen und Aktivitäten gemacht.

Es ist gewiß nicht einfach, bei der Abfassung von getrennten Kapiteln Überschneidungen und Wiederholungen zu vermeiden; die Definition der δ-Werte ist deshalb mehrfach zu finden (S. 4, 21, 180, 408 und 436). Der häufig in der agrikulturchemischen Literatur angewendete δ_a-Wert für ^{15}N-Variationen ist aber demgegenüber nicht erwähnt. Die Literatur ist mit 1367 Zitaten recht gut erfaßt — mit Schwerpunkt 1974 ... 1976, obwohl immerhin 68 Zitate aus dem Jahre 1977 angegeben werden, 26 aus 1978, 7 aus 1979 und sogar 3 Zitate aus dem Erscheinungsjahr des Buches, 1980.

Bleibt die Frage zu beantworten, ob das Buch hält, was die Herausgeber beabsichtigen. Diese Frage ist uneingeschränkt zu bejahen. Es ist eine moderne Darstellung des angegebenen Themenkreises, von Spezialisten abgefaßt, in sehr guter Qualität sowohl hinsichtlich der Auswahl aus der Vielfalt des Darstellbaren als auch des Dargestellten, insbesondere der vielen didaktisch aussagestarken Abbildungen. Man darf auf die weiteren Bände gespannt sein, die nach Abschluß des Gesamtwerkes eine enzyklopädische Beschreibung der Umwelt-Isotopengeochemie darstellen dürften. Der Leser- und Benutzerkreis ist weitgespannt: mit natürlichen Traceruntersuchungen der gegenwärtigen und vergangenen Umwelt befaßte Wissenschaftler und überhaupt Geowissenschaftler, wie Geochemiker, Hydrologen und Hydrogeologen, Paläoklimatologen und Physikochemiker, die an weiteren neuen Fragestellungen der Isotopenforschung arbeiten.

H. Hübner

Uranium Deposits in Africa: Geology and Exploration Proceedings of a Regional Advisory Group Meeting, Lusaka, 14—18 Nov. 1977

Vienna: IAEA 1979 (STI/PUB/509). 262 S., 74 Abb., 15 Tab.; kartoniert ÖS 380.—

Auf einem Beratertreffen zu Fragen der Uranvorkommen in Afrika kamen 50 Wissenschaftler zusammen, die 16 Nationen und die IAEA vertreten. Es wurden 14 Vorträge gehalten, die in 2 Themenkreise aufgeteilt wurden: U-Lagerstätten in Afrika einerseits und allgemeine Probleme der U-Geologie andererseits. Zu einigen Vorträgen sind auch die geführten Diskussionen im vorliegenden Fortschrittsbericht festgehalten worden.

Die Suche und Erkundung von Lagerstätten geschieht seit langem nicht mehr zufällig; geochemische und geologische Gesetzmäßigkeiten werden gezielt zur Suche eingesetzt und aus neu erhaltenen Daten weitere Gesetzmäßigkeiten entdeckt. Diese besondere Art von „feed back“ bedarf auch einer ständigen Konsultation und eines Erfahrungsaustausches, noch dazu, wenn ein ganzer Kontinent erschlossen werden soll. Die angewendeten Methoden sind im vorliegenden Fall hauptsächlich kerngeophysikalischer, in Sonderheit aeroradiometrischer Art, wovon in mehreren Arbeiten berichtet wird, teilweise sehr eingehend (eingesetzter Flugzeugtyp, Magnetometer, Spektrometer, Detektoren, Aufzeichnungsverfahren, Flugkilometer, Auswertung u. a. m.). Mit Hilfe der Aeroradiometrie wurden beispielsweise in Zambia in der Zeit von 1967—1976 insgesamt 814528 Flugkilometer zur Erkundung von U-Lagerstätten zurückgelegt. Auch rein geologische Fragen Afrikas wurden behandelt: U-Epochen und Gebirgsbildungen, Plattentektonik von Madagaskar und die Einordnung der afrikanischen U-Lagerstätten im Vergleich zu australischen und kanadischen Vorkommen.

Dem Praktiker wird mit dieser Schrift eine gute, aktuelle und aussagefähige Grundlage in die Hand gegeben, dem Geologen werden Einblicke in das Präkambrium (mit Alterseinordnungen) Afrikas übermittelt, dem Geochemiker werden Zusammenhänge zwischen Redoxpotentialen, Spurenelementen und U-bildenden Mineralien mitgeteilt. Alles in allem ein Buch für Spezialisten und für Geowissenschaftler gleichermaßen, die größere Zusammenhänge verdeutlicht haben wollen.

H. Hübner

Isotope und Strahlenquellen in der Landwirtschaft

W. W. Ratschinski. Übers. aus dem Russ. von S. Drauschke, W. Drauschke und Dr. W. Drauschke.
Bearbeiter der deutschen Fassung: Dr. M. Drauschke und Dr. W. Drauschke. Berlin: VEB Deutscher Landwirtschaftsverlag 1979; M 36,—

Durch die immer breitere Anwendung radioaktiver Stoffe (offene bzw. umschlossene Strahlenquellen) in den naturwissenschaftlichen und technischen Fachdisziplinen, insbesondere auch in der agrarwissenschaftlichen Forschung, gewinnt das erste in der DDR erschienene Werk über dieses Spezialgebiet für Anwender, Lehrende, für Studenten der

Landwirtschaftswissenschaften und für Strahlenschutzfachkräfte immer mehr an Bedeutung. Für die Anwender von umschlossenen Strahlenquellen bzw. Meßsonden ist das Lehrbuch ein wertvolles Informationsmittel. Es behandelt umfassend in sehr anschaulicher und übersichtlicher Form die Grundlagen und Methoden der Anwendung von Isotopen und Strahlenquellen zur Klärung vielfältiger Grundfragen der Pflanzen- und Tierphysiologie (Stoffwechselmechanismen und Rückstandsprobleme), der Genetik und Züchtung (Mutationsauslösung), der Bodenbearbeitung und Landtechnik (Funktionsprüfungen), der Bodenphysik (objektive Beurteilung des Bodenstrukturzustandes), der Phytopathologie (Wirkungsmechanismus von Pflanzenschutzmitteln) und vieles andere mehr.

Das Buch wurde erarbeitet in dem Bestreben, eine leichtverständliche Darstellung mit wissenschaftlicher Exaktheit zu verknüpfen. Durch eine straffe Gliederung und viele Zwischenübersichten wird der Gesamtüberblick erleichtert.

In diesem Nachschlagewerk, so kann man es nennen, wird über die neuartigen Möglichkeiten und über die voraussichtlichen Grenzen der Isotopenanwendung in der landwirtschaftlichen Grundlagenforschung und in der angewandten Forschung berichtet. Das gilt nicht nur für Untersuchungen in den obengenannten Bereichen, sondern auch für unmittelbar praxisbezogene Fragestellungen, wie z. B. die Verteilungsprüfung bei der Ausbringung von Düngemitteln und Insektiziden oder die objektive Beurteilung bodenphysikalischer Parameter auf Praxisschlägen und die daraus abzuleitenden Bodenbearbeitungsmaßnahmen einschließlich Tiefenlockerung. Auch wird in diesem Lehrbuch den Grundlagen des Strahlenschutzes bzw. der Einhaltung der gesetzlichen Bestimmungen große Aufmerksamkeit beigemessen.

Somit wird dieses Buch einen Beitrag dazu leisten, einige komplizierte Aufgaben der Landwirtschaftswissenschaften mit Hilfe radioaktiver Isotope und Strahlenquellen auf eine effektive und rationelle Weise zu klären.

R. Landmann

Occupational Radiation Exposure in Nuclear Fuel Cycle Facilities Proceedings eines Symposiums der IAEA und NEA (OECD) in Los Angeles vom 18.-22.6.79

Wien: IAEA 1980 (engl., teilw. franz.); 640 S., 201 Abb., 137 Tab.; kartoniert AS 920,—

Der Tagungsbericht über die berufliche Strahlenbelastung in Einrichtungen des Kernbrennstoffzyklus enthält 36 Vorträge mit Diskussionen und eine Paneldiskussion. Man findet Übersichten über die Strahlenbelastung in verschiedenen Ländern, in Forschungsinstituten und Entwicklungslabors, in Kernkraftwerken, in Wiederaufarbeitungsanlagen, bei der Abfallbeseitigung sowie über Techniken zur Verringerung der Belastung.

In den USA beträgt die mittlere Jahresdosis für Beschäftigte in Kernkraftwerken 3.9 mSv, bei der Brennelementherstellung und -refabrikation 2.7 mSv, bei der Abfallbeseitigung 1,7 mSv, bei der Anreicherung 0,31 mSv, im Bergbau 0,15 mSv und in der Forschung 1,4 mSv. Nur in seltenen Fällen wird bei einzelnen Beschäftigten ein Wert von 50 mSv (5 rem) pro Jahr überschritten. Am stärksten wird das Wartungspersonal in Wiederaufarbeitungsanlagen und in Kernkraftwerken belastet.

In Kernkraftwerken trägt zur Strahlenbelastung das aus dem Kobaltgehalt der verwendeten Legierungen gebildete ^{60}Co am meisten bei. Es wird in der aktiven Zone aktiviert und an den verschiedensten Stellen des ersten Kreislaufs abgeschieden. Durch Verringerung des Kobaltgehaltes, Hochtemperaturfiltration, Dekontamination und Kontrolle des Sauerstoffpotentials im ersten Kreislauf kann die Aktivität verringert werden, und spezielle Schutzmaßnahmen bei der Wartung sowie Training des Wartungspersonals führen zu einer weiteren Senkung der Belastung. Die niedrigste kumulative, auf die erzeugte Energie bezogene Dosis wird von den KKW in Schweden berichtet (2 man · Sv/GW(e) · a). Die entsprechenden Werte für das KKW Greifswald in der DDR und für Leichtwasser-KKW in den USA liegen um den Faktor 3 bzw. 6 höher. Bei einem Anteil von 10%, den die KKW der BRD an der Elektroenergieerzeugung besitzen, beträgt der Anteil der durch den Betrieb der KKW verursachten effektiven jährlichen kumulativen Ganzkörperdosis für die gesamte Bevölkerung nur 0,03%, was im Vergleich zur Röntgendiagnostik mit 29%, der Nuklearmedizin mit 5%, dem durch Fallout verursachten Anteil von 1% oder dem durch natürliche Radioaktivität und Höhenstrahlung bedingten Hauptanteil gering ist.

Der Tagungsband ist von großem Interesse für alle Beschäftigten auf den Gebieten Strahlenschutz, Kernenergetik und angewandte Kernforschung.

S. Niese

Molybdenum: Physico-Chemical Properties of its Compounds and Alloys

L. Brewer, R. H. Lamoreaux, R. Ferro, R. Marazza, K. Girgis. Wien: IAEA 1980 („Atomic energy review", Special issue No. 7) 714 S.; kartoniert AS 1000,—

In der Reihe der von der IAEA herausgegebenen Monographien über physikalisch-chemische Eigenschaften von Metallen für die Reaktortechnik (bisher erschienen Bände über Plutonium, Niob, Tantel, Beryllium, Thorium und Zirkonium) liegt nunmehr der Band 7 vor, der eine umfangreiche und zugleich kritische Auswahl und Dokumentation der folgenden, das Molybdän und seine Verbindungen bzw. Legierungen betreffenden Eigenschaften enthält:

— Thermochemische Eigenschaften des elementaren Molybdäns im kondensierten, gasförmigen oder ionisierten Zustand und sämtlicher binären Verbindungen und binären Legierungen des Molybdäns (180 S., 72 Tab., 320 Lit.);

— Phasendiagramme mit formelmäßigen Darstellungen von Löslichkeiten und Gleichgewichtslinien für insgesamt 100 binäre Systeme des Molybdäns (161 S., 57 Diagr., 275 Lit.);

— Kristallstruktur- und Dichte-Daten für reines Molybdän, für binäre und ternäre Legierungen auf der Basis des Molybdäns und für Verbindungen unter besonderer Berücksichtigung der Chalkogenide und Halogenide, auch in komplexen Systemen (331 S., 1475 Lit.);

— Diffusion in Molybdän, in Mo-Basis-Legierungen und in binären Verbindungen des Mo mit Al, B, C, O und Si (25 S., 128 Lit.).

Thermochemische Daten und Phasendiagramme wurden, soweit keine direkten Meßdaten vorliegen, mit Hilfe der chemischen Bindungstheorie berechnet. Damit war es möglich, für insgesamt 100 binäre Systeme des Molybdäns praktisch nutzbare Zahlenwerte anzugeben.

Die vorliegende Monographie stellt eine Sammlung von Daten in einem Umfang und einer Vollständigkeit dar, wie sie bisher nicht publiziert wurde. Sie gibt die Möglichkeit, für Mo-Basis-Legierungen und für chemische Reaktionen unter Beteiligung des Molybdäns die Gleichgewichtszustände zu berechnen, die Gitterstruktur vorauszusagen bzw. über röntgenanalytische Methoden Mo-Verteilungen zu ermitteln sowie Reaktionsgeschwindigkeiten zu berechnen, soweit sie diffusionskontrolliert sind. Die Datensammlung ist daher all den Einrichtungen zu empfehlen, in denen Molybdänlegierungen oder Molybdänverbindungen metallurgisch bzw. chemisch hergestellt oder mit dem Ziel, spezielle Werkstoffeigenschaften zu erhalten, bearbeitet werden. Darüber hinaus ist sie von Nutzen für die metallurgische Industrie, wenn Molybdän zulegiert wird und unter geeigneten Wärmebehandlungsbedingungen Mo-Verbindungen entstehen.

In Verbindung mit den vorhergehenden und weiteren noch zu publizierenden Monographien entsteht eine Sammlung aktuellster thermochemischer, kinetischer und kristallographischer Daten, die für die Entwicklung von Reaktorwerkstoffen wie auch anderer Einsatzgebiete hochschmelzender Metalle und ihrer Verbindungen von hohem Wert ist.

Die Darstellung der Daten ist einheitlich, übersichtlich und durch ausreichende textliche Erläuterungen ergänzt.

J. Kunze

Monitoring of Airborne and Liquid Radioactive Releases from Nuclear Facilities to the Environment

Safety Series No. 46, Recommendations. STI/PUB/482 — IAEA, Vienna 1978, 121 S., 18 Abb., 24 Tab.; US $ 10.00

Ab No. 46 der Safety Series der IAEA werden 4 verschiedene Kategorien — auch in unterschiedlicher Farbgebung der Editionen — herausgegeben, und zwar die IAEA-Safety Standards, die IAEA-Safety Guides, die Recommendations und die Procedures and Data. Das vorliegende Buch hat also Empfehlungen zum Inhalt, Empfehlungen zur Überwachung von gasförmigen und flüssigen radioaktiven Freisetzungen an die Umgebung von Kernanlagen. Die Empfehlungen sind von einer Arbeitsgruppe ausgearbeitet worden, die aus 22 Teilnehmern aus 12 Ländern und von 3 Organisationen bestand. Es werden — sehr im Detail — Angaben über Messungen der totalen α-, β- und γ-Aktivitäten gemacht, jeweils in Form von Aerosolen, Gasen oder Flüssigkeiten. So werden u. a. die Probennahmepunkte, die Arten der Proben, Probennahmetechnik, Sammelproben und die anzuwendende Meßtechnik beschrieben. Erfahrungen aus einzelnen Ländern werden als Beispiele mitgeteilt.

Die Schrift sollte in keiner Bibliothek fehlen, in der Literatur und Angaben über Kernanlagen gesammelt werden. Staatliche Organisationen für die Kontrolle und Überwachung von Kernanlagen bedürfen in gleicher Weise dieser Schriftenreihe der Safety Series.

H. Hübner

Radiological Surveillance of Airborne Contaminants in the Working Environment

Safety Series No. 49, Procedures and Data. STI/PUB/484 — IAEA, Vienna 1979, 138 S., 22 Tab., 26 Abb.; ÖS. 210—

Die Schrift behandelt in einzelnen Abschnitten die Quellen und Arten von gasförmigen radioaktiven Kontaminanten, die Probennahmetechnik mit Instrumentation, die Meßtechnik mit Instrumentation und die Interpretation der Meßergebnisse. Diesem Hauptteil von 84 Seiten sind noch 178 Literaturstellen beigefügt, so daß insgesamt eine sehr ausführliche und aktuelle Schrift vorliegt. In einem Anhang werden dann Beispiele und Erfahrungen aus einzelnen Ländern (USA, Indien, Kanada, Frankreich, BRD und Großbritannien) mitgeteilt; ein Glossar für einen einheitlichen Sprachgebrauch auf diesem Gebiet vervollständigt das Ganze. Die IAEA hat in dieser Schriftenreihe über Sicherheitsfragen von Kernanlagen und Aufbereitungsanlagen schon mehrere technische Berichte und Anleitungsmaterialien herausgegeben, die alle in einem geschlossenen und homogenen Zusammenhang stehen, so daß auch die vorliegende Schrift nur einen Teil der Gesamtthematik erfassen kann. So gesehen ist sie ein ebenso wichtiger Teil wie andere „Guidebooks" der Schriftenreihe und reiht sich in das Gesamtanliegen ein. Institutionen betrieblicher oder staatlicher Art, die mit diesen Sicherheitsfragen befaßt sind, ist die Schrift eine wertvolle und notwendige Hilfe und sollte in den Bibliotheken parat sein.

H. Hübner

Particle Size Analysis in Estimating the Significance of Airborne Contamination

Technical Reports Series No. 179. STI/DOC/10/179 IAEA, Vienna 1978; 234 S., 105 Abb., 37 Tab.; US $ 18.00

In insgesamt 10 Kapiteln werden neben einer allgemeinen Einführung folgende Themen behandelt: Teilchengrößenverteilung, Methoden der linearen Größenanalyse, Methoden der gravitativen Abtrennung, der elektrostatischen und optischen Teilchenanalyse, der Diffusionsbatterien, autoradiographische Methoden, Probennahmen für die Atmungsaktivität und schließlich einige Anmerkungen zur Eichung der vorgestellten Methoden zum Zweck des Vergleichs und der Vergleichbarkeit. An der Ausarbeitung dieser Schrift haben 10 Wissenschaftler mitgearbeitet. Daß Verfahren der Analyse von Teilchen und ihrer Größenverteilung sehr eng mit statistischen Methoden verbunden sind, ist selbstredend klar und wird in den ersten 32 Seiten sehr ausführlich behandelt, so ausführlich, daß es fast einer guten Einführung in statistische Methoden gleichkommt: Normal- und log-Normalverteilung, Signifikanz-Tests und Konfidenzintervalle werden definiert und in ihrer Bedeutung erläutert. Einen breiten Raum nimmt die Berücksichtigung der Geometrie- und Gestaltfaktoren der Aerosolteilchen und ihrer Morphologie ein. Unter Atmungsaktivität wird die tatsächliche Toxizität im Atmungstrakt im Vergleich zur Konzentration des Kontaminanten in der Gasphase verstanden; eine notwendige Unterscheidung, die sonst zu Fehlbeurteilungen über toxische Eigenschaften führen kann. Dazu werden Probensammler mit ihren Vor- und Nachteilen beschrieben.

Die Schrift zielt auf einen Leser- und Nutzerkreis ab, der sich ganz allgemein mit Umweltbelastungen aus der

Atmosphäre zu befassen hat, und zwar hauptsächlich mit der analytischen Erfassung vom Probensammler bis zur Charakterisierung der Teilchen, einschließlich der notwendigen statistischen Bewertung. Sie sollte in jedem Aerosol-Analysenlabor griffbereit vorhanden sein.

H. Hübner

Basic Analytical Chemistry

L. Pataki u. E. Zapp. Akadémiai Kiadó, Budapest 1980, ISBN 963 05 1534 2; 463 S., 106 Abb., 90 Tab., Anhang mit Bibliographie (in Englisch); kartoniert

Um den stetig steigenden Anforderungen an die analytische Chemie gerecht zu werden, ist eine exakte Kenntnis der den Analysenmethoden zugrunde liegenden Prinzipien erforderlich. Diesem Anliegen tragen die Autoren mit der Herausgabe des vorliegenden Handbuches Rechnung. Sie beschreiben sowohl die klassischen als auch die instrumentellen chemischen Analysenmethoden. Die konsequente Anwendung des Donor-Akzeptor-Prinzips, der Grundlage der *Brönstedt*schen Säure-Base-Theorie, erleichtert das Verständnis prinzipieller Zusammenhänge in der analytischen Chemie und trägt zu einer geschlosseneren Betrachtungsweise des Fachgebietes bei.

Im 1. Kapitel des Buches werden die Grundlagen der chemischen Gleichgewichte in Lösungen (elektrolytische Dissoziation, Säure-, Base-, Fällungs-, Komplexbildungs- u. Redoxreaktionen, Verteilungsgleichgewichts und Solventextraktion) besprochen.

Im 2. Kapitel behandeln die Autoren die Methoden der qualitativen chemischen Analyse, wie u. a. den Nachweis von Kationen und Anionen mit anorganischen Gruppenreagenzien und speziellen organischen Reagenzien.

Die klassischen quantitativen chemischen Analysenmethoden wie Gravimetrie und Volumetrie sind Gegenstand der Betrachtung im 3. Kapitel. Nach der Vermittlung der theoretischen Grundlagen werden jeweils wichtige Anwendungsbeispiele erläutert. Die Beschreibung der volumetrischen Methoden nimmt reichlich Raum ein.

Im nächsten Kapitel finden sich die instrumentellen Analysenmethoden, die elektrochemischen, die optischen und spektrometrischen, die magneto- und thermoanalytischen Verfahren. Dieses Kapitel enthält auch eine kurze Beschreibung der nach Ansicht der Autoren wichtigsten Analysenverfahren mit Radionukliden. Es werden hier aber lediglich die radiometrische Titration, die Aktivierungsanalyse, die Isotopenverdünnungsanalyse sowie β- und γ-Absorptionsmethoden dargestellt.

Wichtige analytische Trennverfahren (u. a. Extraktion und Chromatographie) werden in einem getrennten Kapitel diskutiert.

Die Methoden der organischen Elementaranalyse und die Bestimmung funktioneller Gruppen organischer Verbindungen beinhaltet das letzte Kapitel.

In der am Schluß des Handbuches stehenden Bibliographie sind wichtige Standardwerke des Fachgebietes zusammengestellt.

Die Autoren geben damit in kurzer, präziser Form einen weitestgehend vollständigen Überblick über das Gebiet der chemischen Analytik. Es ist ihnen gelungen, alle Aspekte der analytischen Chemie in einem handlichen Werk darzustellen. Hervorzuheben ist die didaktisch geschickte Darstellung des Stoffes.

Das lehrbuchartig angelegte Werk wird für alle Wissenschaftler und Studenten, die sich mit analytischen Fragen befassen, ein willkommenes Hilfsmittel sein.

R. Otto

Laboratory Training Manual on the Use of Nuclear Techniques in Animal Research

Technical Reports Series No. 193; IAEA — STI/DOC/10/193, Vienna 1979; 299 S., 38 Abb., 10 Tab.; ÖS 440.—

Übersetzt man Manual wörtlich als Handbuch, dann erfüllt diese Schrift den Charakter eines Hand- bzw. Arbeitsbuches in vollem Maße. Sie besteht außer aus einem Anhang aus insgesamt 5 Abschnitten: einer allgemeinen Einführung in den experimentellen Umgang mit Isotopen und mit Kernstrahlung, einem kurzen Abschnitt über Radiobiologie, einer Einführung in praktische Arbeiten und einem Übungsteil, der getrennt in etwas allgemeinere Übungen (Plateau eines GM-Zählers, Statistik usw. — 22 Übungen insgesamt) und in mehr dem Thema angepaßte Übungen (Bestimmung des Flüssigkeitsinhalts eines Pansen, Kinetik des Körperwassers, Metabolismus von Glucose u. ä. — insgesamt 18 Übungen) aufgeteilt ist. Dazu kommt ein Glossar und ein schriftlicher Übungsteil, wobei Raum für Notizen frei gelassen wurde.

Es ist der Schrift leicht anzusehen, daß sie auf eine gute Tradition und auf Erfahrung bei der Einführung von Studenten/Wissenschaftlern in das Gebiet der Nukleartechnik zurückschauen kann — es ist die 4. Auflage seit 1966 — und daß die Autoren es meisterhaft verstanden haben, den wirklich wesentlichen Teil entsprechend dem Anliegen zu erfassen und gut darzustellen. Der Leser oder Teilnehmer an einem Trainingskurs braucht zunächst keine weitere Literatur zu Rate zu ziehen, er findet vom Atommodell über die unterschiedliche Natur der Kernstrahlung, über die massenspektrometrische Bestimmung des stabilen Nuklids ^{15}N bis hin zum praktischen Teil alles zusammengefaßt dargestellt oder definiert, wie beispielsweise Isotopeneffekt, Isotopenaustausch, t-Test, Kompartment, ^{15}N-Probenchemie. Einzelne wichtige Gleichungen werden in einem Anhang ausführlich abgeleitet.

Wem sollte diese Schrift empfohlen werden? Die Kurzantwort lautet: Allen, die sich in das Gebiet der Anwendung von Isotopenmethoden in der Veterinärmedizin einarbeiten wollen, sei es im Rahmen des Studiums oder sei es im Rahmen eines postgradualen Trainingskurses. Es ist ein ausgezeichnetes Praktikumbuch für diesen Themenkreis.

H. Hübner

Isotopenpraxis 18 (1982) No. 1, p. 15 to 19
1 Abb., 3 Tab., 12 Ref.

A method is described of the sample preparation for the emission spectroscopy determination of ^{15}N in ammonia, glutamic acid, aspartic acid, leucine and alanine. It consists in the chromatographic separation of ammonia and amino acids from the components of bioloical material on ion-exchange resin, the release of ammonia from amino acids with ninhydrin reaction, the microdiffuse extraction of ammonia from Li-citrate buffers and the following catalytic conversion into nitrogen in vacuum by means of ampoule technique. The method makes it possible to extract isotopically pure ammonia and amino acids from mixtures of ^{15}N-amino acids and ^{15}N-urea ($C_{^{15}N} \leqq 50$ at.%). The optimal concentration of ammonia and amino acids in the samples is 40 µg of N.

D. Sarrach, H. Schmidt, H. Waldner

Model Calculation of the Precision Profile of Radioimmunoassays as a Basis for Optimal Assay Design

Isotopenpraxis 18 (1982) No. 1, p. 19 to 22
6 Fig., — Tab., 9 Ref.

Equations for the precision profile of radioimmunoassays were developed by use of the one binding-site mass-action model. Experimental errors in dose, label, antibody, and unspecific binding are included as well as the statistical counting error. The precision profile may be calculated in dependence of the concentrations of label and anti-body to get information needed for optimal assay design. The flow diagram for a programmable desk top calculator is given and some results of the calculations are shown concerning the T3-RIA. In principle the calculations can be done on a pocket calculator.

G. J. Beyer, A. F. Novgrodov, A. S. Kovalev

Diffusion of Carrier-free Spallation Reaction Products in Polycrystalline β-Zirconium (*in Russian*)

Isotopenpraxis 18 (1982) No. 1, p. 23 to 26
4 Fig., 5 Tab., 23 Ref.

The release of radioactive spallation reaction products from foils of zirconium, irradiated with 660-MeV-protons, at high temperatures has been investigated simultaneously. The fractional release (F) of the products from β-Zr decreases in the following order:

$$F_{Zn} > F_{Y} > F_{Sr} > F_{Rb} > F_{Kr}\ [1130 < T(K) < 2050]\,.$$

The diffusion coefficients of these elements and their dependence on temperature have been determined. An abnormal slow diffusion has been estimated for Rb and Kr in β-Zr. The diffusion velocities of these elements were about 100 – 500 times smaller, than the diffusion velocity of Zr self-diffusion.
The dependence of the diffusion coefficients on the radius of the diffusing particles will be discussed.

J. Schmidt, H. Langguth, J. Boes

Gamma-Radiolysis of Long-Time Irradiated Ethanol with and without Additives

Isotopenpraxis 18 (1982) No. 1, p. 27 to 30
5 Fig., 1 Tab., 6 Ref.

Ethanol formes during the longtime gamma irradiation besides low-molecular products of radiolysis also polymers, leading to unwanted resinifications.
In the present work the effects of longtime irradiation with doses up to 11 MGy on ethanol under air with and without additives are described. In dependence on the purity of the alcohols and the dose 9 gaseous and up to 16 liquid products of radiolyses have been determined by gas chromatography. Secondary reactions which will form highmolecular compounds, are initiated by the radiolysis products, especially, carbonyl compounds such as acetaldehyde.

Isotopenpraxis 18 (1982) вып. 1, стр. 15 до 19
1 рис., 3 табл., 12 лит.

Описывается способ приготовления проб для эмиссионно-спектроскопического определения ^{15}N в аммиаке, глутаминовой кислоте, аспарагиновой кислоте, леіцине и алание.
Он состоит из хроматографического отделения от компонентов биологического вещества посредством ионообменной смолы аммиака и аминокислот, выделения при помощи нингидриновой реакции аммиака из аминокислот, микродиффузионной экстракции аммиака из буферов из литиевого цитрата, и последующего каталитического преобразования азота с помощью ампульного метода в вакууме. Данный способ позволяет выполнить экстракцию изотопически чистых аммиака и аминокислот из ^{15}N-аминокислот и ^{15}N-мочевины ($C_{^{15}N} \leqq 50$ атомных %). Оптимальная концентрация аммиака и аминокислот в пробах составляет 40 микрограмм азота.

Д. Саррах, Х. Шмидт, Х. Вальднер

Модельное расчетное определение прецизионного профиля радиоиммуноанализов как основа для оптимизации подхода

Isotopenpraxis 18 (1982) вып. 1, стр. 19 до 22
6 рис., — табл., 9 лит.

Применяя модель действующих масс по месту подхода выводится система уравнения для прецизионного профиля радиоиммуноанализов. Помимо статистической счетной ошибки, она учитывает экспериментальные ошибки дозировки индикаторов, стандартных гормонов и антител, а также дисперсию неспецифической связи. Таким образом, прецизионный профиль в зависимости от концентрации индикаторов и антител может определиться расчетом в качестве основы для оптимизации подхода. Приводится технологическая схема для вычисления программируемой настольной счетной машиной, а также ряд результатов, полученных на примере Т3-РИА. В крайнем случае обработку можно вести с помощью научного карманного вычислительного аппарата.

Г.-Ю. Байер, А. Ф. Новгородов, А. С. Ковалев

Диффузия ультрамикроколичеств спалогенных продуктов в поликристаллическом β-цирконии (*на русск. языке*)

Isotopenpraxis 18 (1982) вып. 1, стр. 23 до 26
4 рис., 5 табл., 23 лит.

Изучено одновременное высокотемпературное улетучивание радиоактивых спалогенных продуктов из облученных протонами с энергией 660 *МэВ* фольг циркония. Доли улетучивания (F) этих продуктов из β-Zr уменьшаются по порядку:

$$F_{Zn} > F_{Y} > F_{Sr} > F_{Rb} > F_{Kr}\ [1130 - 2050\ K]$$

Определены коэффициенты диффузии указанных элементов и их температурная зависимость.
Наблюдается необычайно медленная диффузия Rb и Kr в β-Zr, скорость которой приблизительно в 100 и 500 раз ниже скорости самодиффузии циркония.
Дискутируется зависимость коэффициентов диффузии от радиуса диффундирующих частиц.

И. Шмидт, Х. Ланггут, И. Без

Гаммарадиолиз облученного долгое время этанола с добавками и без них

Isotopenpraxis 18 (1982) вып. 1, стр. 27 до 30
5 рис., 1 табл., 6 лит.

В течение долговременного облучения этанол помимо низкомолекулярных продуктов радиолиза образует также полимеры, которые являются причиной нежелаемого осмоления. В настоящей работе описывается эффект долговременного облучения этанола в воздухе с добавками и без них дозами до 11 MGy. В зависимости от чистоты алкоголя и от дозы методом газовой хроматографии были обнаружены 9 газообразных и до 16 жидких продуктов радиолоза. Продукты радиолиза, в частности карбонильные соединения, как например ацетальдегид, вызывают вторичные реакции, приводящие к образо-

With specially selected additives the formation of butanediol and 2-butanone was inhibited while the formation of acetaldehyde was not influenced by additives.
Given this fact a decrease of the polymer formation was not observed in presence of the additives used.

ванию высокомолекулярных соединений. С помощью специально выбранных добавок замедлилось образование бутиленгликолей и 2-бутанонов, в то время, когда образование ацетальдегида добавками не повлиялось. В связи с применением данных добавок не наблюдалось уменьшение образования полимеров.

Information

New Books

Новости

Новая литература

(Fortsetzung des Inhaltsverzeichnisses)

Die Beeinflussung der Ausbeuten polymerisationsfähiger Verbindungen wurde durch ausgewählte Zusätze geprüft. Die Ausbeuten der in Frage kommenden reaktiven Carbonylverbindungen konnten auf diese Weise nicht verringert und damit auch die Verharzung nicht reduziert werden. Dagegen trat eine Verminderung der Ausbeuten von Butanon und Butandiol ein.

Informationen

Buchbesprechungen

Vakuumelektronik

Ausgewählte Beiträge

Von einem Autorenkollektiv unter der Leitung von
H. GÖLLNITZ, H. G. SCHNEIDER und H. RÖSSLER

1978. 457 Seiten — 344 Abbildungen — 41 Tabellen — gr. 8° — Leinen 58,— M
Bestell-Nr. 7623483 (6377)

Halbleiterbauelementeelektronik

Ausgewählte Beiträge

Von einem Autorenkollektiv
Herausgegeben von H. G. SCHNEIDER und R. PAUL

1977. 496 Seiten — 285 Abbildungen — 31 Tabellen — gr. 8° — Leinen 58,— M
Bestell-Nr. 7622608 (6339)

Entwurf mikroelektronischer Schaltungen

Ausgewählte Beiträge

Von einem Autorenkollektiv
Herausgegeben von H. G. SCHNEIDER

1976. 247 Seiten — 184 Abbildungen — 2 Tabellen — gr. 8° — Leinen 32,— M
Bestell-Nr. 7619732 (6261)

Bestellungen durch eine Buchhandlung erbeten

AKADEMIE-VERLAG · DDR-1086 Berlin, Leipziger Str. 3—4

Contents of this Issue

Articles

HORST-HEINO v. BORZESZKOWSKI
RENATE WAHSNER

Newton und Voltaire

Zur Begründung und Interpretation der klassischen Mechanik

(Wissenschaftliche Taschenbücher, Reihe Texte und Studien)
1980. 292 Seiten – 5 Abbildungen – kl. 8°
16,– M
Bestell-Nr. 762 715 0 (7123)

Die Autoren legen in diesem Taschenbuch Originaltexte Newtons und Voltaires vor. Sie würdigen Newton als Begründer der theoretischen Physik, setzen seine naturphilosophischen und erkenntnistheoretischen Überlegungen zu Grundprinzipien der Physik in Beziehung, vergleichen seine Arbeiten mit den bislang schwer zugänglichen Schriften Voltaires zur Newtonschen Physik und zeigen den Zusammenhang zwischen der Voltaireschen Rezeption der klassischen Mechanik und ihrer mechanistischen Interpretation auf.
An dieser historisch besonders relevanten Thematik wird das Verhältnis von Physik und Erkenntnistheorie untersucht und die Auffassung widerlegt, die Mechanik sei mechanistisch.

Bestellungen durch eine Buchhandlung erbeten

THEORIA CUM PRAXI

AKADEMIE-VERLAG
DDR-1086 Berlin, Leipziger Str. 3–4

Bei Fragen zur Produktsicherheit wenden Sie sich bitte an:
If you have any questions regarding product safety,
please contact:

Walter de Gruyter GmbH
Genthiner Straße 13
10785 Berlin
productsafety@degruyterbrill.com